藏在“吃”这件事里的化学

陈诚 著

化学工业出版社
·北京·

内容简介

本书聚焦于日常饮食的一系列相关问题，以一名高中化学教育工作者的视角，用浅显易懂的语言对食品的挑选、加工和处理等方面做了深入浅出的分析与讲解。从如何阅读食品配料表与营养成分表，到如何正确洗菜和使用微波炉；从肥皂的发明与醋的酿造，到不锈钢和不粘锅的意外诞生等。抽丝剥茧，娓娓道来。同时，也关注社会热点，对植物奶油、代可可脂、无糖饮料、冷萃果汁等新型食品做了较客观全面的阐述与介绍。每篇的最后，设置了“化学力”等级提升栏目，通过引导观察、激发思考和动手实验（未成年人须在成年人陪同下进行）等方式，帮助读者进一步形成用化学视角观察世界的思维方式。

本书适合具备一定科学素养的小学高年级学生和初中生阅读，对培养他们健康的饮食观念与对化学学科的兴趣有一定的帮助，同时对高中化学的学习亦是很好的知识储备。本书也适合关注饮食健康的成年人阅读，通过了解一些较浅显的化学知识，形成更科学的饮食观念。

图书在版编目（CIP）数据

藏在“吃”这件事里的化学 / 陈诚著. -- 北京 : 化学工业出版社, 2025. 3. -- ISBN 978-7-122-47327-1

Ⅰ. TS201.2

中国国家版本馆 CIP 数据核字第 2025UU1832 号

责任编辑：毕仕林　冉海滢　刘　军
责任校对：张茜越
文字编辑：张熙然
封面设计：陈燕云
插画设计：方丹虹　张国华

出版发行：化学工业出版社（北京市东城区青年湖南街 13 号　邮政编码 100011）
印　　装：北京缤索印刷有限公司
710mm×1000mm　1/16　印张 $10\frac{1}{2}$　字数 145 千字　2025 年 3 月北京第 1 版第 1 次印刷

购书咨询：010-64518888
售后服务：010-64518899
网　　址：http://www.cip.com.cn
凡购买本书，如有缺损质量问题，本社销售中心负责调换。

定　　价：49.80 元

序言

十分高兴能成为《藏在“吃”这件事里的化学》的第一个读者。多年来，我读了不少化学科普作品。多数化学科普著作，都会引用化学概念、化学术语、化学符号系统、化学实验和化学研究方法做论述、分析，对于尚未系统学习化学的青少年，这种具有化学科学特色的写作方式成为他们阅读的“拦路虎”；多数化学科普著作以介绍、阐述化学科学在社会生产、科技领域的作用、贡献为话题，但这些内容和青少年生活距离较远，读起来难以形成共鸣，大多只能囫囵吞枣，不容易真正理解、体会。从青少年熟悉的生活情境、依据他们的学习基础来选择话题，处理、呈现无法回避的化学概念、化学术语、化学符号，不太容易。《藏在“吃”这件事里的化学》在这方面做了有益的尝试，让人耳目一新，十分难得。

本书面向小学高年级学生和初中生，从青少年感兴趣并关心的饮食和烹饪的 32 个常见话题切入，带领读者“戴上化学‘眼镜’，看清‘吃’的奥秘”。配合 32 个话题，作者还设计编写了 32 个“化学力”等级提升栏目，引导读者观察、思考并动手进行简单而有趣的调查、实验探究，实现动手动脑。作者用亲切、富有感情色彩的口吻，浅显

易懂的语言，并配上色彩艳丽、生动有趣的插画，从“在超市挑选食品的法门”“在家里料理食品的窍门”两个方面，引导读者关注、了解、思考日常饮食和烹饪中常见的或常被忽视的问题。全书从食品的挑选、加工和处理等方面做了深入浅出的分析、讲解和动手能力训练，帮助读者增长见识，增强科学观念。例如，从食品配料表与营养成分表，了解食品的成分、品质、营养价值和安全食用方法，了解家中厨房烹饪用具的正确使用方法和烹饪的技巧。同时帮助读者提高食品选择、处理和食用的科学性，了解怎样运用化学知识，从食品挑选、加工、烹饪上提高食品的色香味，做到价廉物美，吃得美味、健康。

作者陈诚，是一位年轻的优秀高中化学教师，还承担学校的教科研组织指导工作。她把化学科普的编著工作作为促进学生提高化学科学素养的第二个战场，努力从零开始，坚持学习，努力收集资料，探索编写思路。在创作过程中她以自己的儿子和学校的学生作为读者对象，了解他们的兴趣、需求、阅读能力和习惯，虚心听取同行的意见和建议、出版社编辑的指导，成功地走进了科学创作的阵地，可喜、可贺。期待陈老师为青少年写出更多、更优秀的化学科普作品。

王云生

2024 年 10 月

前言

小迪是个小学生，平日食量大、胃口好，“擅长”把各种食物吃得津津有味，是个不折不扣的美食爱好者。

在我看来，爱好美食是件挺好的事，因为生活总有困顿，而美好的食物，永远是我们最易得的慰藉之一。从街边小串到高档海鲜，从热辣川菜到奶油甜品，我们都能从中体会到乐趣。食物在滋养口腹的同时，也使大脑分泌出特定的化学物质，愉悦我们的心情。

其实，小迪的妈，我本人，也是一位美食爱好者。不过我还有个相对严肃些的身份——一名高中化学老师。化学是一门从原子和分子等微观层面上研究物质的组成、性质与变化规律等内容的学科。对于热爱化学的我来说，日常工作的主要内容，就是教学生们用化学的视角看待、分析并解决问题。久而久之，我的职业习惯让我戴上了一副特别的“眼镜”，大家眼中的食盐，在我看来是高纯度的氯化钠；大家眼中的自来水，在我看来是“水 + 含氯消毒剂 + 矿物质 + 微生物”；

大家眼中的美食，在我看来就是不同物质按一定比例组合、经过恰到好处的反应后，形成的完美混合物。

这副化学“眼镜”戴久了，看待食物也会更挑剔些。在我眼里，真正的美食，绝不应仅仅服务于味蕾，更要在人体内进行各种有益转化，让身体的每一部分都愉快接纳。简单地说，就是不仅要吃得美味，更要吃得健康。

来，跟我和小迪一起，戴上化学这副“眼镜”，重新认识各种食物，一起从化学视角看待“吃”这件事吧！

陈诚

2025 年 1 月

目录

PART A 在超市挑选食品的法门 →

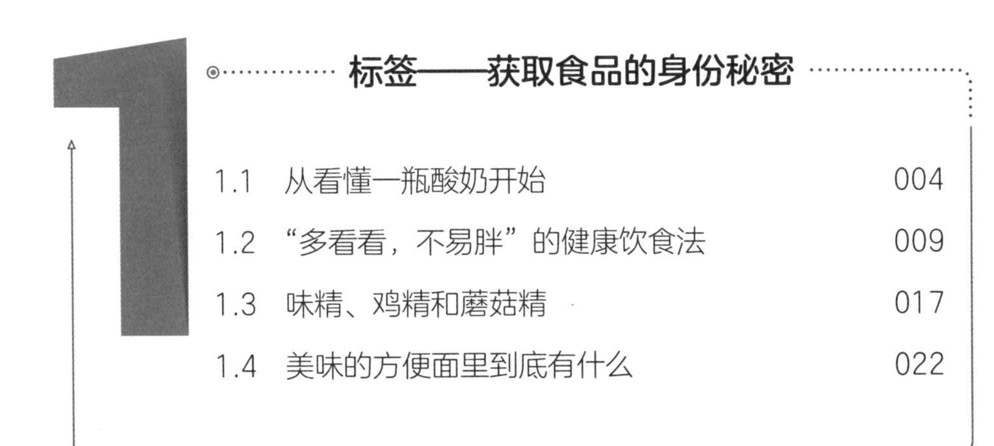

加工——提升食物的诱人指数

4

甜品应该怎么吃

PART B 在家里料理食品的窍门

1 自家做的饭菜一定更健康吗

2 同种食材的不同吃法

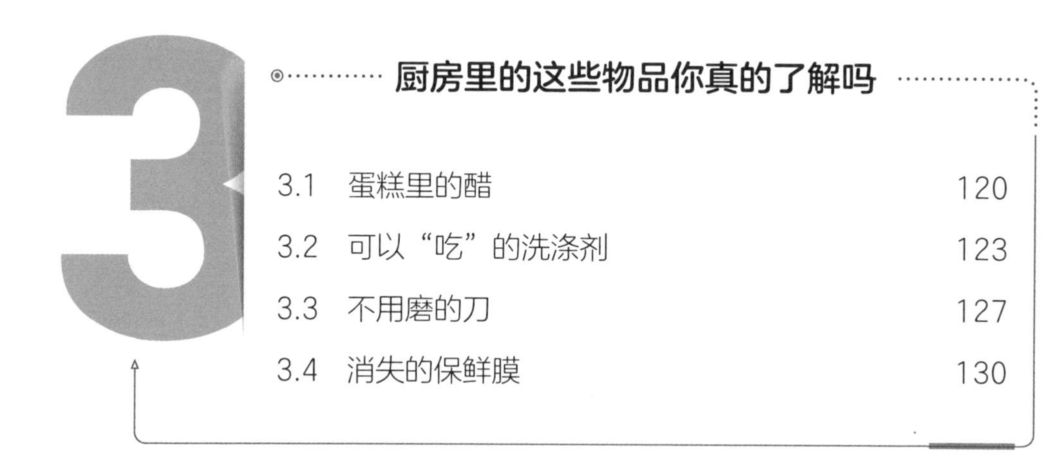

3 厨房里的这些物品你真的了解吗

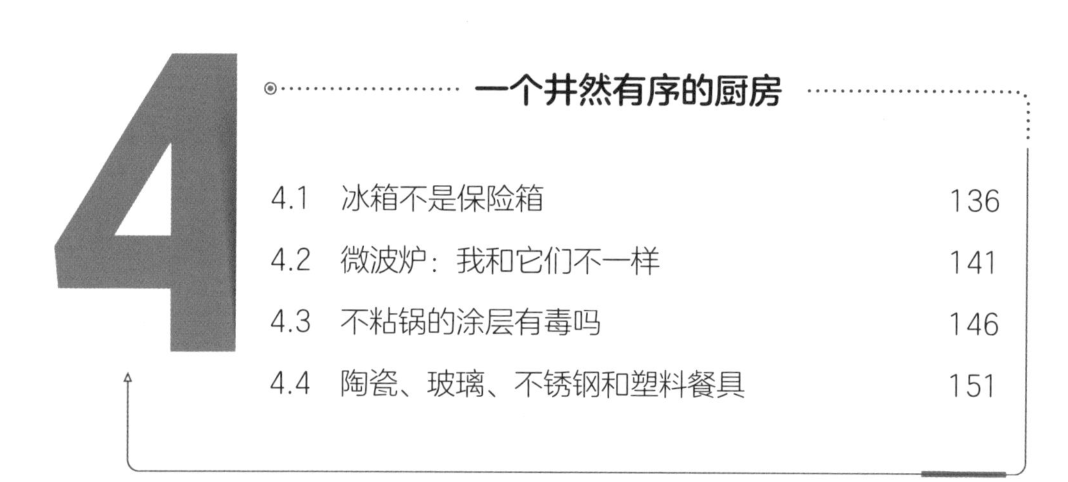

4 一个井然有序的厨房

PART A

在超市挑选食品的法门

超市，是我们日常获取食物的主要场所之一，超市里的商品种类齐全、数目繁多。小迪和我曾经在一家大型超市的冷藏区，花了十几分钟挑选酸奶，因为这家超市的酸奶品种实在是太多了，目测有近百种！

在面对令人眼花缭乱的商品时，如何能做到不被各种促销广告牵着鼻子走，而是冷静地运用科学方法，挑选到最合适的食品呢？

标签——获取食品的身份秘密

1

小迪六岁时，我带他去办理身份证，当时拿到证件的他饶有兴致地翻来看去，最后目光落到了那串长长的身份证号码上。

“咦，身份证号码怎么这么长？”

“因为要表达好多信息呢。”

我告诉他，身份证号码里藏了很多秘密。对不懂的人来说，这是一串毫无规律的阿拉伯数字；但对于懂的人来说，这串数字可以看出一个人的户口所在地、出生日期，甚至还有性别。例如，男生身份证号码的倒数第二位一定是奇数，女生则是偶数。

我们日常所吃的包装食品，也有它的“身份证号码”——条形码，从条形码上，也可以看出食品的生产国家和生产厂商等信息。在超市购物时，只要把条形码放在机器上扫描，就可以自动识别商品信息，非常方便。

不过，食品与食品之间的差别，可比人与人之间的差别大多了，因此，食品外包装上除了条形码，还有营养成分表、配料表等各种标签。如果想真正了解每天所吃的食品，就不能只是看视频广告，或是包装上的精美图片，而是要学会阅读食品包装上的各种标签。

读懂食品标签，才能获取食品的身份秘密。

1.1 从看懂一瓶酸奶开始

你喜欢喝酸奶吗?

超市里酸奶的销量一直都不错。很多人觉得，酸奶比牛奶更有营养，还能帮助消化，这么好的东西，当然要多喝点。这种看法对不对呢？我们不妨先一起来看看酸奶包装。

包装上的文字很多，最吸引眼球的，通常是好听的商品名称和广告语，以及富有视觉吸引力的图片，不过，真正表达这份食品最核心信息的内容，是配料表。为了让消费者更好地了解自己选购的食品，国家规定，食品包装上必须标注配料表，且配料中的各种成分必须按加入量递减的顺序排列，对于加入量小于2% 的配料，可以不按递减顺序排列。

我们先来看一款“入门级”的配料表。这是一瓶成分特别简单的酸奶，配料表只有短短两行。从配料表上可以看出，它最主要的原料是生牛乳，除了生牛乳外，还有保加利亚乳杆菌和嗜热链球菌等。

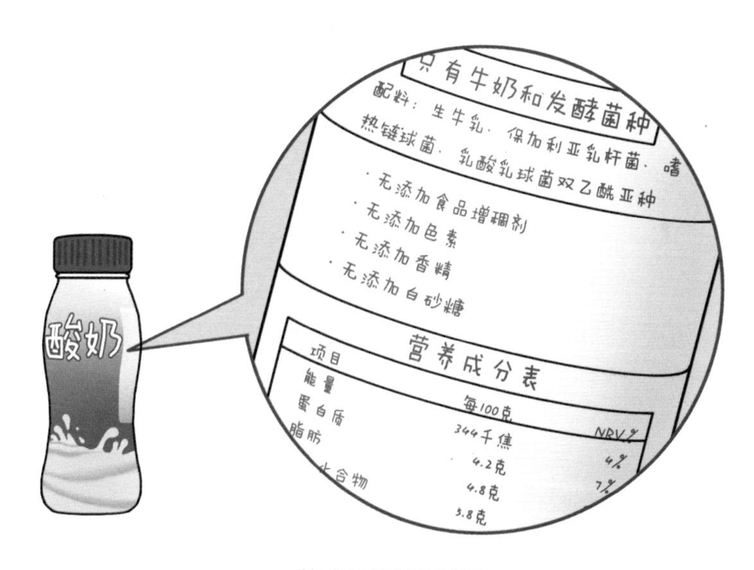

一款成分简单的酸奶

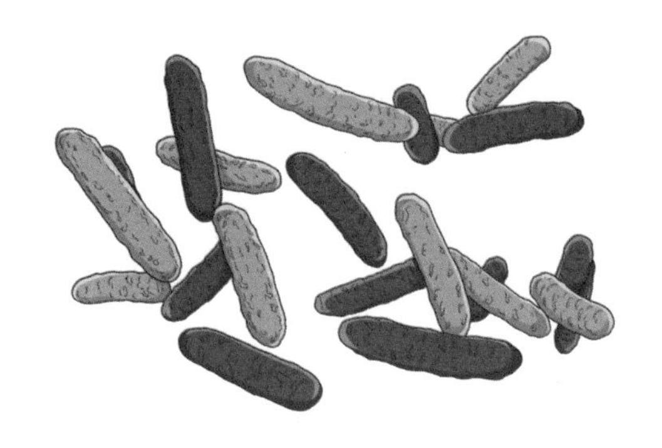
乳酸菌

生牛乳就是牛奶，也就是说，这瓶酸奶和牛奶的区别，就在于配料表上的几种细菌。

我们平时说起细菌，都没什么好印象，认为细菌会使人体感染各种疾病。事实上，有些细菌对身体是有益的，乳酸菌就是其中之一。乳酸菌可以改善便秘、腹泻等肠胃不适的症状，还能帮助维持肠道内菌群的平衡。保加利亚乳杆菌和嗜热链球菌都是常见的乳酸菌。

你可能会对保加利亚乳杆菌这个名字感兴趣，怎么会有细菌被冠以国名呢？

因为保加利亚这个国家和酸奶特别有渊源。这个欧洲东南部的小国家，有着很好的自然景观，国土面积约三分之一都是森林，此外，湖泊与河流纵横交错，使得许多地区土壤肥沃、水草丰美，特别适合发展畜牧业。这些地区的人们，自古以来都有着饮用酸奶的习惯，有趣的是，有不少老人还非常长寿。科学家们对这个现象很感兴趣，纷纷开展对酸奶的研究，不少人认为，这些老人之所以长寿，很可能是因为长期食用酸奶，从中摄入了一类有益细菌——乳酸菌。在对这些保加利亚长寿老人研究的过程中，有一种乳酸菌也因此得名，它就是保加利亚乳杆菌。

其实，自古以来，经常饮用酸奶的不只保加利亚人民，还有草原上的很多游牧民族。蒙古族被称为“马背上的民族”，作为游牧民族，他们食用酸奶的历史非常悠久。早在几千年前，他们就“发明”了酸奶。这是一种无意间诞生的发明。牧民们放牧牛羊，喜欢逐水草而居，在从一个草场往下一个草场迁徙时，他们常用羊皮袋装着牛奶等食物，在烈日下行走。很可能是在某些时候，羊皮袋上恰好有一些乳酸菌，又有了合适的温度，于是乳酸菌使牛奶发酵，产生了酸味，同时，液态的奶变成酪状，酸奶就这么机缘巧合地诞生了。

事实上，酸奶的制作就是这么简单。只要在合适的温度下，往牛奶中加入乳酸菌，然后静静等待它们发酵，就能制得酸奶。市面上有很多品牌的酸奶机，看似功能繁多，其实构造原理都非常简单，因为酸奶机只需要一个核心功能，就是保温。在北方的冬天，酸奶机可能变成一台多余的家用电器，因为只要往牛奶中加一些乳酸菌，直接放在有暖气的地方就可以了。

那么，到底乳酸菌有什么本领，能把牛奶变成酸奶呢？

如果你味觉比较敏感，在喝纯牛奶时会感觉有微微的甜味，这是因为牛奶中含有乳糖。而乳酸菌在牛奶中不断繁殖，将微甜的乳糖逐渐转变成有酸味的乳酸，奶的味道自然就变酸了，这也是牛奶与酸奶在成分上的主要区别。你可能还留意到，酸奶的形态也比牛奶更黏稠。这又是为什么呢？原来，当牛奶的酸度上升时，牛奶中原本疏离的蛋白质分子会形成相互作用力，彼此连接起来，形成立体的网状结构，这一张立体的“网”，能把牛奶中的水和油脂等成分都网罗其中，限制了它们的行动，酸奶的流动性就会变差，从而出现黏稠的口感。一般来说，牛奶中的蛋白质含量越高，做成的酸奶所形成的立体“网”结构就越密，酸奶也越黏稠，有时甚至会呈现凝胶状。

乳酸菌是对人体有益的细菌，酸奶中有大量的活性乳酸菌，能对肠道起到一定的调节作用，帮助消化。同时，乳糖转变成乳酸，对很多亚洲人，包括中国人在内，是一件好事。你可能会发现，有些人一喝牛奶就容易腹泻。这是因为一些亚洲人的体内缺少一种消化酶——乳糖酶，对牛奶中的乳糖就不能很好地消化吸收，而乳糖容易刺激肠道，引发腹泻，称为“乳糖不耐受”。但这些人喝酸奶往往就没事，因为牛奶变成酸奶后，绝大部分的乳糖都转化成了乳酸，乳糖不耐受的问题也就自然消失了。

牛奶变成酸奶，既没有什么营养损失，又多了乳酸菌这种有益细菌，还避免了乳糖不耐受的风险。这么看的话，似乎是喝酸奶更好。喝酸奶确实不错。直到今天，游牧民族还保持着食用酸奶的传统，如果你去新疆或内蒙古等地旅游，可以品尝到牧民们自己制作的酸奶。

但我要提醒一句，喝牧民自制的酸奶，要有心理准备。你喝下后可能会皱起眉头。因为这些酸奶和你平时常喝的酸奶，味道很不一样。它尝起来一点也不甜，除了发酵的酸味以外，几乎没有别的味道。我们刚刚看配料表的那瓶酸奶，味道也差不多。

其实，成分不添加糖的酸奶，在超市并不常见，它们的销量相对不高。你平时在超市看到的酸奶，通常配料表会比较长，一般是下面这样的。

某款常见酸奶的配料表

注意到了吗？虽然生牛乳仍然因为含量最高而排在第一位，但紧随其后的就是白砂糖了，加了糖之后的酸奶酸酸甜甜，更符合大多数人的口味。除此之外，乳清蛋白粉提高了酸奶中的蛋白质含量，而炼乳和奶油使酸奶更为香浓，琼脂和明胶则赋予酸奶更为黏稠的质地。这些食品添加剂“各司其职”，一起为酸奶的营养和口感提升贡献了力量。

这才是你认为好喝的酸奶。那些只有酸味的纯酸奶，通常也只有少数人能接受。一些纯酸奶厂商考虑到顾客们可能难以接受单纯的酸味，甚至还随赠了蜂蜜包，然而即使如此，它们的市场占有率也并不高。

人们是如何想到往酸奶里添加这些成分的呢？

最早开始对酸奶进行改良的，是法国的乳业巨头——达能公司。达能公司发现，酸奶这种营养食品虽然已经诞生了几千年，但一直只是某些地区少数人的食品，没有被广为接纳。于是，达能公司通过研究人们的味觉喜好，尝试在酸奶里添加了糖分，并富有创意地加入菠萝、芒果、草莓和蓝莓等水果，改良了酸奶的口味。同时，达能公司还在各种广告宣传中大力强调酸奶的营养与健康功效。果然，改良后的酸奶饱受欢迎，酸奶也从此进入大规模工业化生产时代。

今天超市里的酸奶，大都很美味可口，不仅深受儿童喜爱，成人也喜欢时不时来一杯，为身体补充乳酸菌，帮助消化。不过，你现在知道了，这些酸奶大都不是纯酸奶，在加入糖分等食品添加剂后，其热量比纯牛奶要高出不少。所以，这样的酸奶更适合当成零食，偶尔饮用。如果出于补充营养的目的，像喝牛奶一样，大量地喝这些酸奶，还可能会产生糖分摄入过多的问题，适得其反呢。

具备化学视角的人，在看到食物时，除了看到外在的品相，更会关注其具体的组成成分。

以下是三款不同类型酸奶的配料表，请你尝试从中挑选出最营养健康的一款。

（答案：最营养健康的是第2款）

乐酸乳

活性好菌 +0 脂肪

活性好菌
每 100 毫升富含 200 亿个活性副干酪乳杆菌
0 脂肪
0 脂肪配方无负担地享受健康

产品类型：活菌型乳酸菌饮料
配料：水、白砂糖、脱脂乳粉、葡萄糖、副干酪乳杆菌、食用香精
乳酸菌活菌数 ≥ 3×10^6 CFU/mL
贮存条件：2～6℃冷藏　　保质期：21 天
若高于 6℃ 存放，可能导致活菌数减少

第1款

酸乐乳

配料：生牛乳、白砂糖、浓缩乳清蛋白粉、蛋黄粉、奶油、可可粉、咖啡粉、嗜热链球菌、明胶、果胶、阿斯巴甜（含苯丙氨酸）、食用香精。

嗜热链球菌和保加利亚乳杆菌
促进肠道蠕动　有益肠胃健康

第2款

酸酸乳

每 100 克添加　果粒 7 克
每 100 克添加　酸奶 ≥ 30%

配料：饮用水、纯牛奶、饮用水、全脂乳粉、保加利亚乳杆菌、嗜热链球菌、果粒（椰肉、哈密瓜）、白砂糖、果葡糖浆。

第3款

1.2 “多看看，不易胖”的健康饮食法

小迪曾经是个小胖墩。因为胃口太好，前两年，他的身体在以肉眼可见的速度膨胀着。但最近这半年来，他不仅长高了 7 厘米，体重还轻了 0.5 公斤，原本的小肚腩变成了隐约可见的“马甲线”。身形紧致后，整个人都帅气了不少。

有一天，他回来跟我说：“我今天教一个同学减肥了。”

“哦？”我很好奇，“你怎么教的呢？”

“我教他‘多看看，不易胖’的健康饮食法，哈哈。”

我立刻明白了，原来他是在教同学阅读食品包装上的营养成分表呢。这也是他最近刚刚养成的一个好习惯，每当拿到包装食品时，他总会看一眼营养成分表。“哇，真没想到这个热量这么高！看来得少吃点。”“嗯，不错，这东西还是蛮健康的。”“唉，吃完这包，我今天摄入的钠就超标了，接下来几天得吃清淡点。”

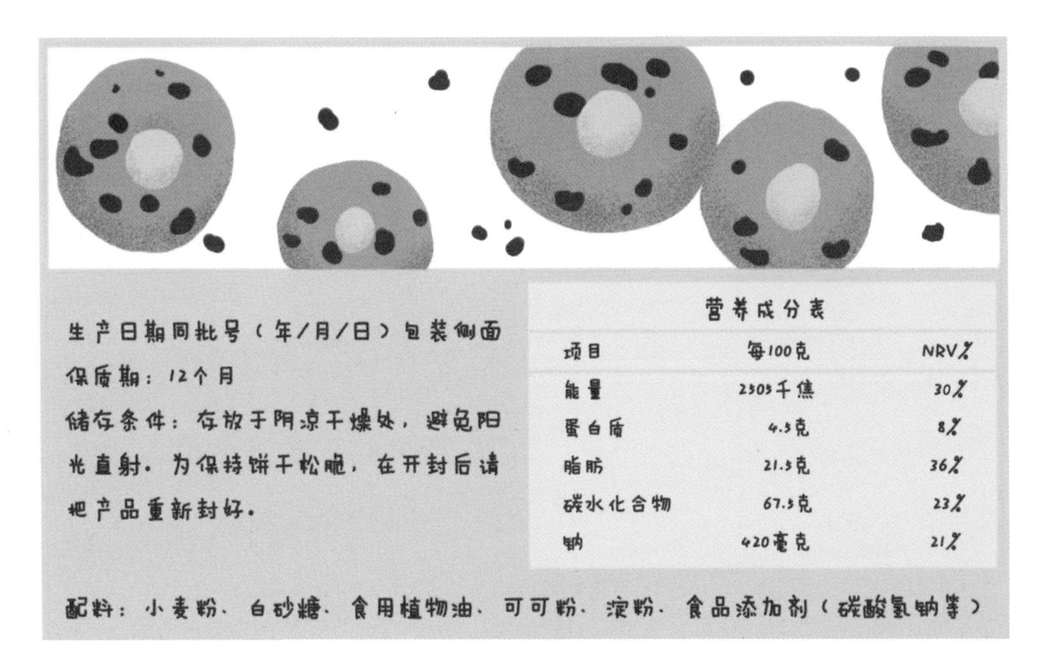

生产日期同批号（年/月/日）包装侧面

保质期：12个月

储存条件：存放于阴凉干燥处，避免阳光直射。为保持饼干松脆，在开封后请把产品重新封好。

营养成分表

项目	每100克	NRV%
能量	2305千焦	30%
蛋白质	4.5克	8%
脂肪	21.5克	36%
碳水化合物	67.5克	23%
钠	420毫克	21%

配料：小麦粉、白砂糖、食用植物油、可可粉、淀粉、食品添加剂（碳酸氢钠等）

一款饼干的营养成分表

学会看营养成分表后，小迪在饮食方面的自觉性大大提高，很少出现吃太多的情况，也更能抵抗垃圾食品的诱惑了。留意食品包装上的营养成分表，就是他说的“多看看，不易胖”的健康饮食法。

到底什么是营养成分表呢？

上页是一款饼干的营养成分表，也是一份最基础的营养成分表。按国家规定，营养成分表中至少要标注食品的能量和 4 种核心营养素——蛋白质、脂肪、碳水化合物和钠的含量，共 5 项内容。

从营养成分表中可以看出，这 5 个项目，都标注了两方面的信息，一是含量，二是 NRV。固体食品含量大多以每 100 克为单位，对于液体食品，比如牛奶或饮料等，也常以每 100 毫升为单位。那 NRV 又是什么呢？你可能会想，为什么这几个数值加起来不等于 100% 呢？其实，各种营养素的 NRV 之间是没有必然联系的。NRV 是 nutrient reference values 的简称，即营养素参考值，指的是这份能量或营养素占成人每日推荐摄入总量的百分比。

营养成分含量占营养素参考值（NRV）比例的计算公式：

$$\mathrm{NRV\%}=\frac{x}{\mathrm{NRV}}\times 100\%$$

式中　x——食品中某营养素的含量；

NRV——该营养素的营养素参考值。

以这款饼干的 NRV% 为例，从营养成分表中可以看出，每 100 克该饼干的能量是 2505 千焦，而按中国营养学会推荐，成人每日适合摄入的总能量为 8400 千焦，那么它的 NRV% 就是这么计算出来的：

$$2505/8400=30\%$$

因此，我们无须知道各种营养成分每日推荐的摄入量，直接从 NRV% 上就可以很直观地看出，每吃 100 克这款饼干，能满足一天所需总能量的 30%。不过，成人每日适合摄入量只是一个平均参考值，具体情况是因人而异的。有些人平时的运动量比较大，运动时会消耗额外的热量。运动时消耗的热量，和食品中的能量是同一个概念。但在计算运动消耗的热量时，我们更常用另一个单位——千卡（大卡）。

千卡和千焦的换算公式如下：1 千卡（kcal）=4.18 千焦

按这个公式计算，成人每日推荐摄入的能量 8400 千焦，大约可以换算成 2000 千卡。各项运动消耗的热量估计值见下表。

常见身体活动强度和能量消耗表

活动项目		身体活动强度 /MET		能量消耗量 /(kcal · 标准体重 $^{-1}$ · $10min^{-1}$)	
		< 3 低强度；3 ~ 6 中强度；7 ~ 9 高强度；10 ~ 11 极高强度		男（66kg）	女（56kg）
家务活动	整理床，站立	低强度	2.0	22.0	18.7
	洗碗，熨烫衣物	低强度	2.3	25.3	21.5
	收拾餐桌，做饭或准备食物	低强度	2.5	27.5	23.3
	擦窗户	低强度	2.8	30.8	26.1
	手洗衣服	中强度	3.3	36.3	30.8
	扫地、扫院子、拖地板、吸尘	中强度	3.5	38.5	32.7
步行	慢速（3km/h）	低强度	2.5	27.5	23.3
	中速（5km/h）	中强度	3.5	38.5	32.7
	快速（5.5 ~ 6km/h）	中强度	4.0	44.0	37.3
	很快（7km/h）	中强度	4.5	49.5	42.0
	下楼	中强度	3.0	33.0	28.0
	上楼	高强度	8.0	88.0	74.7
	上下楼	中强度	4.5	49.5	42.0

续表

活动项目		身体活动强度 /MET		能量消耗量 /(kcal · 标准体重 $^{-1}$ · 10min^{-1})	
		< 3 低强度；3 ~ 6 中强度；7 ~ 9 高强度；10 ~ 11 极高强度		男（66kg）	女（56kg）
跑步	走跑结合（慢跑成分不超过10min）	中强度	6.0	66.0	56.0
	慢跑，一般	高强度	7.0	77.0	65.3
	8km/h，原地	高强度	8.0	88.0	74.7
	9km/h	极高强度	10.0	110.0	93.3
	跑，上楼	极高强度	15.0	165.0	140.0
自行车	12 ~ 16km/h	中强度	4.0	44.0	37.3
	16 ~ 19km/h	中强度	6.0	66.0	56.0
球类	保龄球	中强度	3.0	33.0	28.0
	高尔夫球	中强度	5.0	55.0	47.0
	篮球，一般	中强度	6.0	66.0	56.0
	篮球，比赛	高强度	7.0	77.0	65.3
	排球，一般	中强度	3.0	33.0	28.0
	排球，比赛	中强度	4.0	44.0	37.3
	乒乓球	中强度	4.0	44.0	37.3
	台球	低强度	2.5	27.5	23.3
	网球，一般	中强度	5.0	55.0	46.7
	网球，双打	中强度	6.0	66.0	56.0
	网球，单打	高强度	8.0	88.0	74.7

续表

活动项目		身体活动强度 /MET		能量消耗量 /(kcal · 标准体重 $^{-1}$ · 10min^{-1})	
		< 3 低强度；3 ～ 6 中强度；7 ～ 9 高强度；10 ～ 11 极高强度		男（66kg）	女（56kg）
球类	羽毛球，一般	中强度	4.5	49.5	42.0
	羽毛球，比赛	高强度	7.0	77.0	65.3
	足球，一般	高强度	7.0	77.0	65.3
	足球，比赛	极高强度	10.0	110.0	93.3
跳绳	慢速	高强度	8.0	88.0	74.7
	中速，一般	极高强度	10.0	110.0	93.3
	快速	极高强度	12.0	132.0	112.0
舞蹈	慢速	中强度	3.0	33.0	28.0
	中速	中强度	4.5	49.5	42.0
	快速	中强度	5.5	60.5	51.3
游泳	踩水，中等用力，一般	中强度	4.0	44.0	37.3
	爬泳（慢），自由泳，仰泳	高强度	8.0	88.0	74.7
	蛙泳，一般速度	极高强度	10.0	110.0	93.3
	爬泳（快），蝶泳	极高强度	11.0	121.0	102.7
其他活动	瑜伽	中强度	4.0	44.0	37.3
	单杠	中强度	5.0	55.0	46.7
	俯卧撑	中强度	4.5	49.5	42.0
	太极拳	中强度	3.5	38.5	32.7
	健身操（轻或中等强度）	中强度	5.0	55.0	46.7
	轮滑旱冰	高强度	7.0	77.0	65.3

资料来源:《中国居民膳食指南（2022）》。

注：1MET相当于每千克体重每小时消耗能量4.186kJ。

营养成分表

每份食用量：30克

项目	每份	营养素参考值%
能量	662千焦	8%
蛋白质	1.7克	3%
脂肪	9.6克	16%
一饱和脂肪酸	4.8克	24%
碳水化合物	15.9克	5%
一糖	0.4克	
膳食纤维	1.0克	4%
钠	134毫克	8%

营养成分表

项目	每100克	营养素参考值%
能量	1327千焦	18%
蛋白质	9.9克	17%
脂肪	14.4克	24%
碳水化合物	48.6克	16%
钠	2745毫克	137%

营养成分表

项目	面饼		调料包	
	每份(85)克	营养素参考值%	每份(37克)	营养素参考值%
能量	1698千焦	20%	432千焦	5%
蛋白质	7.5克	13%	2.5克	4%
脂肪	16.2克	27%	7.9克	13%
碳水化合物	57.1克	19%	5.2克	2%
钠	748毫克	37%	1836毫克	92%
调料包请依个人口味酌量添加。				

某薯片、辣条和方便面的营养成分表

举个例子，一位体重为66公斤的男士，某天除了正常的三餐外，多吃了100克这款饼干，如果他想把这份饼干产生的热量通过运动消耗掉，可以怎么做呢?

我们可以通过计算，最终得出结论，这位男士如果选择慢跑，需要63分钟可以消耗掉饼干带来的热量，当然，他也可以选择其他的运动方式，比如蛙泳44分钟等。

你发现了吗，营养成分表上的热量很值得关注。如果一个人长期从食物中摄取过多的能量，会引起肥胖。另外4种核心营养素也是一样，无论过多或过少，都可能会引起营养失衡。

我们再来看几张营养成分表。左边由上至下分别是某薯片、辣条和方便面的营养成分表。

先看来薯片，这是一款十分受人喜爱的零食，从它的营养成分表上看，各项数值似乎都不高，哪怕是NRV%值最大的饱和脂肪酸，也只有24%。但特别值得注意的是，这份薯片的计量方法有所不同，它的含量不以每 100 克为单位，而是以每份 30 克的量进行计算的。这么一来，如果换算成每 100 克，那所有的数值就会是原来的三倍多，相当惊人。如果吃上 130 克该薯片，当日饱和脂肪酸的摄入总量就会超标。所以，在看营养成分表时，一定要先留意它的含量单位，如果是“每份”，那要评价各项营养值时，就要做点简单的数学计算。薯片虽然美味，但不宜多吃。

接下来我们看看辣条的成分表。从它的钠含量可以明显看出来，这果然是重“口味”食品。为了使辣条的味道更鲜美，在制作过程中，往往大量使用盐和味精。这样一来，每 100 克该辣条的钠含量达到 2745 毫克，NRV% 值“爆表”，远远超出每日推荐摄入总量，高达 137%。

方便面的营养成分表又体现了什么信息呢？我们发现，面饼和调料包中的钠含量不算低，且调料包中的钠含量要高出许多。大部分含钠的物质是盐、味精等，且易溶于水，因此方便面在泡好后，钠元素大都在面汤里。很多人觉得，方便面的汤比面更美味，就是这个道理。如果吃方便面习惯喝汤，那么钠摄入量会更容易超标。

你看，食品包装上的营养成分表，是不是确实值得我们在吃之前多看看呢？其实，不仅“多看看，不易胖”，除了留意热量值和核心营养素，其他含量也值得我们加以关注。哪怕是维生素以及钙、铁这些“听起来很有营养”的东西，也最好适量摄取，因为一旦过多，都会增加我们体内器官的代谢负担，可能会对身体产生不良影响。

不过，你也不必过度担心，因为大多数食材中的营养素都是丰富多样的。只要在日常生活中，注意适量饮食，并尽可能保持食物品种的多样性，那么各种营养素的摄取值基本都会在正常范围内。当然，因为长期摄取单一品种的食物，很可能会造成某些营养素超标而其他营养素不足的情况，所以，偏食和挑食是不好的饮食习惯，要加以改正哦。

“化学力”等级提升（2）

营养成分表

项目	每100克	NRV%
能量	2010千焦	24%
蛋白质	6.6克	11%
脂肪	18.2克	30%
一反式脂肪酸	0克	
碳水化合物	72.0克	24%
钠	201毫克	10%

第1款

营养成分表

项目	每100克	NRV%
能量	1821千焦	22%
蛋白质	6.6克	12%
脂肪	7.2克	42%
碳水化合物	45.5克	15%
钠	2740毫克	137%

第2款

营养成分表

项目	每100毫升	NRV%
能量	259千焦	3%
蛋白质	2.9克	5%
脂肪	3.6克	6%
碳水化合物	4.5克	2%
钠	60毫克	3%

第3款

懂得识别食物中不同类型的化学成分，能够更好地挑选合适的食品。左边是三款食品的营养成分表，请你试试，帮正在减肥的小迪挑选一款能量相对低的食品。

（答案：相对健康的是第3款。）

1.3 味精、鸡精和蘑菇精

我们先从大家最为熟悉的味精聊起吧。

你了解味精吗？你的家人在烹饪时使用味精吗？你喜欢食物中含有味精吗？

相较于已有 4000 多年历史的食盐和 3000 多年历史的糖来说，味精算是一款相当“年轻”的调味品。从化学家初次提取出味精至今，仅有一百多年。但味精所经历的，可以说是短暂却跌宕起伏。这一百多年里，它曾因为神奇的鲜味，一度被捧上神坛，成为市场上最抢手的商品之一，而后又被指责不利于身体健康，一些调查报告甚至声称味精会导致“青少年发育迟缓，成年人头发脱落，记忆力衰退”。

味精里到底有什么成分，它真的会影响身体健康吗？

让我们把目光聚集到十九世纪的日本。当时日本的帝国大学有位教授叫池田菊苗，一天，池田菊苗在家，喝着鲜美的海带汤，身为化学家的职业敏感突然让他意识到，海带中一定有某种物质，承载了鲜味的秘密。果然，后来池田菊苗在实验室花了约半年时间，成功从海带中提取出一种物质——谷氨酸钠。

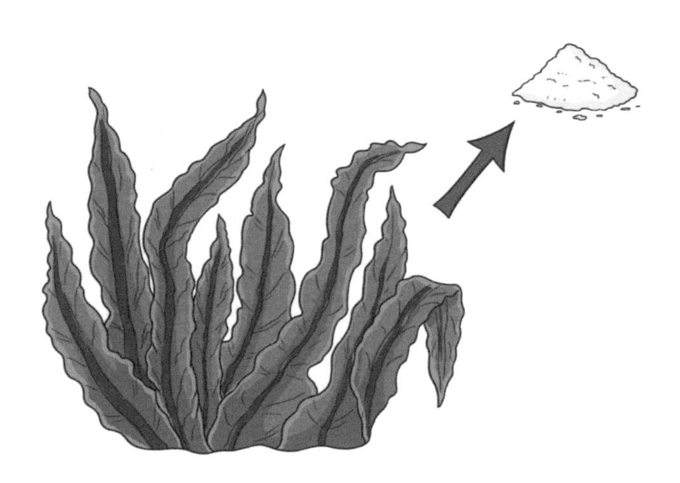

从海带中提取出谷氨酸钠

谷氨酸钠会刺激舌头上的味蕾，让人感觉到鲜味。海带中正是因为含有谷氨酸钠，做出来的汤才特别鲜美。

海带汤鲜美的秘密终于被破解了，不过，池田菊苗还不满足于这个发现，他想利用自己的专业知识，为人们“制造”出更多的鲜味——大量生产谷氨酸钠。然而，要把实验室的小小成果转化为大批量的工业化生产，是很不容易的。池田菊苗付出了大量的时间和精力潜心研究，终于他成功发明了用廉价原料——小麦和大豆，提取谷氨酸钠的方法。随即，他与日本的商业公司合作，向市场推出了以谷氨酸钠为主要成分的调味品，命名为“味之素”。

人们发现，无需高级食材，只要在烹饪好的菜肴中加入一点“味之素”，就可以品尝到非常鲜美的味道。正如广告说的那样，“家有味之素，白水变鸡汁”，于是，味之素这种神奇的调味品很快走上了千家万户的餐桌，提升了无数菜肴的鲜味，风靡全日本。后来，日本的味之素也传到了中国。

无独有偶，中国有位叫吴蕴初的化学家，也一头扎进了对这种神奇的调味品的研究。过了一段时间，吴蕴初发明了一种生产谷氨酸钠的新方法，和池田菊苗不同的是，他以小麦面筋为原料。吴蕴初生产的谷氨酸钠纯度高，品质好，他将自己生产的谷氨酸钠称为“味精”，并成立了中国第一家味精厂。

当我告诉小迪，“谷氨酸钠”就是平时家里用的味精时，他很讶异。

“怎么还有个这么复杂又难懂的名字呢！”

是的，对于小学生来说，“谷氨酸钠”这几个字确实不容易理解。我把谷氨酸钠的化学式写给他看，告诉他，化学家们给所有的化学物质都起了独一无二的名字，叫化学名称。谷氨酸钠就是味精这种物质的化学名称。

$$HOOC-\underset{\displaystyle NH_2}{\underset{|}{CH}}-CH_2-CH_2-COONa$$

H—氢　C—碳　N—氮　O—氧　Na—钠

谷氨酸钠的化学式

化学物质的命名遵循着一定的原则，往往每个字都有其特定的含义。就拿谷氨酸钠来说，“谷”表示这种物质主要由谷物蛋白中提取得到；“氨”表示一种特定的结构——氨基，就是化学式中的$—NH_2$；“酸”则表示另一种特定的结构——羧（suō）基，就是化学式中的—COOH；“钠”表示钠元素，即Na。

不过，化学名称往往听起来比较复杂，使用起来不够方便，对没学过化学的人来说，还不好理解。因此，生活中很多常见的化学物质，都有自己的俗称。相较于化学名称，俗称往往能体现物质的某些特性，比如像谷氨酸钠这样加入少量就能大大提高食物鲜味的物质，俗称为“味之精华”，即味精。这样依据物质特性起的名称，会更容易让人记住。

今天，味精已经成为我们日常烹饪最常用的调味品之一。不过，如果在网络搜索引擎里输入“味精”二字，会跳出一些关于“味精的危害”“味精有毒吗”的相关词条。这说明，有些人对味精持有负面看法。

如果在国外找中餐馆，你甚至可能会发现有些餐馆的门口贴着“NO-MSG”的字样，MSG就是指谷氨酸单钠（monosodium glutamate），也就是我们上文所说的谷氨酸钠。

为什么国外一些中餐馆要打着不添加味精的旗号来招揽顾客呢？说来也有意思，这种由日本化学家发明的调味品，在西方社会的文化认识里，却与中餐联系紧密。中餐烹饪时确实要经常使用味精，但有些西方人存在一种偏见——中餐馆会在每道菜中大量使用味精。一些美食网站或手机客户端（APP）上，一些顾客在点评中声称因为食用中餐后出现“头晕、心悸、失眠”甚至“四肢有痛感”，说自己得了“中餐馆综合征”。

事实上，中餐馆并不是西方味精市场的主要消费者，许多大型食品制造商们才是，不少加工食品，比如薯片或香肠等，都用味精做调味料。不过，虽然食品工业领域大量消耗味精，但一般的西方家庭并不直接使用味精。因此，对他们来说，味精仍然是种略显陌生的调味品。对于陌生的东西，人们往往难以信任，如果看了一些不够科学的媒体文章，就更容易产生误解。

味精中的谷氨酸钠，和海带汤中的谷氨酸钠是同一种物质，如果海带汤中的谷氨酸钠对身体健康没有坏处，那少量食用味精又怎么会对身体有坏处呢？而且，现在的味精制作工艺已经非常成熟，市面上的味精纯度很高，杂质极少。如果你认真看味精包装上的说明，会发现它们的谷氨酸钠含量普遍都在99%以上。

目前，科学界早就已经达成共识，正常食用味精并不会对人体健康产生不良影响。谷氨酸盐的毒性极低，人类只有在一次食用将近1公斤的味精时，才会有中毒的危险。而这在生活中基本上是不可能发生的，经常烹饪的人都知道，少量味精能提鲜，但是过量味精反而会产生令人不快的味道，因此几乎没有人会一次性食用1公斤味精。当然，味精含有钠元素，摄入过量味精，就像摄入过量的食盐一样，也有可能影响身体健康。2017年，欧洲食品安全局发表声明，建议控制味精摄入量，将每天每公斤体重30毫克设为最大限额标准，即一名体重为60公斤的成年人，每天摄入上限是1.8克。

是的，谷氨酸钠味虽美，却不可贪吃哦。说到这儿，你可能不免会想，味精不能吃太多，那有没有其他更健康的替代品呢？

接下来，我们就要聊聊第二个主角——鸡精。

不得不说，鸡精这个产品，不管是外包装还是产品本身，看起来都更容易让人产生好感。在添加了鸡肉、鸡蛋、鸡骨和鸡油后，在包装上再印上一只醒目的鸡，和产品名称“鸡精”一起产生了一种心理暗示：鸡精是以鸡为原料做的。

一旦顾客接受了这种心理暗示，再加上原有的对味精的少许质疑，主打着“更健康”的口号走进人们视野的鸡精，迅速瓜分了原本属于味精的一部分市场。当然，也有消费者在认真阅读了鸡精的成分表后，大失所望。

我们一起来看看某品牌鸡精的成分表：谷氨酸钠、呈味核苷酸二钠、食用香精、维生素B_2、食用盐、大米粉、白砂糖、鸡肉、鸡蛋、咖喱粉、葱、蒜等。

你发现了什么？对，谷氨酸钠！

原来，鸡精也是用味精做的，而且，鸡精中谷氨酸钠的含量还不少呢。不同品牌的鸡精，其谷氨酸钠含量一般在30%～80%。当然，之所以叫鸡精，除了添加了一点来自鸡的原料外，还有少量具有鸡肉鲜味的核苷酸二钠（5′－肌苷酸钠和 5′-鸟苷酸二钠）等，当它们与谷氨酸钠共同使用时，会使鲜味呈现出倍增效果。

你可能发现了，这些鲜味剂的化学名称有一个共同点，就是喜欢用生物质开头，如“谷”“肌”“鸟”等，再用“酸钠”结尾。下次你如果看到“琥珀酸二钠”，能不能猜到，它也是一种鲜味剂呢？

另外，鸡精之所以能给人好感，还有一个重要的原因。由于添加了一定量的淀粉，鸡精呈现出颗粒状，和因为高纯度而呈现晶体状的味精比起来，更容易给人一种“天然”的感觉。

也许你会说，鸡精中不是添加了鸡肉、鸡蛋、鸡骨和鸡油这些鸡原材料吗，应该比味精更有营养吧？事实上，鸡精中真正鸡原材料的成分往往只有 8% 左右，甚至更少。一些鸡精甚至直接用鸡味香精来代替鸡原材料。这样的鸡精，跟鸡其实没有什么关系了。

话说回来，鸡精中如果真的含有鸡原材料，真的就更好吗？鸡原材料中确实含有蛋白质，但如果是以摄入蛋白质为目的，那也不是在一盆菜里加少量鸡精，应该直接吃鸡肉啃鸡骨才对吧。

所以，我们对鸡精要有准确的认识和定位。作为一种鲜味剂，鸡精最主要的任务应该是为菜肴提鲜。如果去关注其中的蛋白质含量，那就本末倒置了。更何况，蛋白质含量越高，保存时就越容易滋生细菌，这样一来，鸡精的保质期就会大大缩短了。

至于蘑菇精等其他鲜味剂，其实也就是在谷氨酸钠中添加一些有蘑菇鲜味的物质或是蘑菇提取物，和鸡精大同小异罢了。

因此，说到底，鸡精和蘑菇精这些新型鲜味剂，其实和我们吃了三千多年的酱油一样，本质上都是含谷氨酸钠的复合调味料。

现在，你应该明白了，食用鸡精没问题，食用味精也没问题。对待味精，我们的态度大可以放轻松点，不要因为看了些并不科学的网络文章就草木皆兵。

接下来，如果你能耐心把这本书读完，你就会发现，在了解越多跟食品相关的化学知识后，就越容易把握食物的真相，也越能避免一些不必要的焦虑。

“化学力”等级提升（3）

通过实验观察并了解物质的性质，是化学家们最常用的研究方法。你可以试试下面这几步简单的实验操作，来粗略地了解味精（谷氨酸钠）的性质。

步骤一：用勺子取少许味精（约1克），观察其颜色、状态和气味，并记录。

步骤二：取一碗清水（约500毫升），将味精倒入，搅拌，观察其溶解情况，并记录。

步骤三：品尝步骤二所得的溶液的味道，并记录。

步骤四：在溶液中加入少许食盐，撒上葱花，再次品尝溶液的味道，并记录。

（注意：在化学实验中，步骤三、四中的“品尝”不是安全实验操作，仅适用于本次食品或调味品的感官评价，不适用于其他物质。）

未成年人须在成年人陪同下操作哦！

1.4 美味的方便面里到底有什么

我拿着一包方便面，问小迪：“你看得懂方便面吗？”

他不以为然：“这有什么看不懂的？喏，这里写了，红烧牛肉面。”随即他又看了眼包装上的图片，说：“不过这个图案‘仅供参考’，我从来没见过方便面里真的有牛肉。”

“不对，”我说，“红烧牛肉面里，有真的牛肉哦。”

“不可能，”他说，“我吃过好几次，从来没见过牛肉。”

我当着他的面拆开包装，找到透明的调味料包，指着里面约黄豆大小的棕褐色牛肉丁，对他说：“这就是牛肉呀。”

他一脸哭笑不得：“这么一点点牛肉渣，你是怎么发现的？”

“因为我有个好习惯，就是看配料表呀。”我笑嘻嘻地翻到包装袋背面的配料表，指着调味粉菜包一项给他看，只见里面密密麻麻近二十项配料，其中果真有一项写着“脱水牛肉”。

连这么一块小到不认真留意都发现不了的牛肉丁都标出来，这配料表确实严谨。我们常常发现，食品包装上的图片往往比实物更有吸引力，食品广告也经常会有一些夸张的表达，但配料表却一定是实事求是的。

我们先来看方便面面饼部分的配料表，前三位依次是：小麦粉、淀粉、植物油。

这说明，小麦粉是方便面中含量最高的配料，其次是淀粉。也就是说，方便面和普通面条差不多，都是用小麦粉和淀粉加工而成的。而它之所以更“方便”，只要用开水泡几分钟就能快速食用，是因为它经过了一道油炸工序。油炸后，面饼已经基本熟了，开水泡一下就能吃。排在第三位的植物油，正是在油炸过程中进入面饼的。

除了这三种配料外，方便面的面饼中往往还会有其他成分，有时多达十几种。这些成分的含量很少，却在很大程度上影响面饼的味道和口感。

比如食盐和以谷氨酸钠为代表的鲜味剂，它们协同作用，能让面饼的味道更鲜美。

还有以碳酸钠和碳酸钾为代表的酸度调节剂，它们对面饼来说也至关重要。在制作手工面的过程中，常常要加“碱面”或“苏打”，它们的成分就是碳酸钠。碳酸钠的俗名叫纯碱，碳酸钾俗名叫钾碱，根据“酸碱中和”的原理，碱性物质能中和面条中的酸性物质，起到改良面条品质的作用，也能使面条更耐煮、更筋道。

同样能使方便面吃起来更筋道的还有谷朊粉。谷朊粉是从小麦中提取出的天然蛋白质，即谷蛋白，也叫麸质。它能改善面团的品质，使面团形成坚固的网状结构，从而更有弹性与延展性，俗称面团“出筋”。因此，谷朊粉还有另一个名字——面筋粉。

面条足够筋道了，再加点瓜尔胶——一种从瓜尔豆中提取的增稠剂，增稠剂能增加食品黏度或形成凝胶，广泛运用于果酱、冰激凌、酸奶、果冻等食品中，也叫食品胶。这类物质的特点往往也体现在它们的俗名上：瓜尔胶、阿拉伯胶、明胶、果胶、卡拉胶、黄原胶等。加了增稠剂，面条吃起来既柔韧又顺滑。

瓜尔胶来源于瓜尔豆

除了增稠剂外，方便面面饼中还有一类物质，也从它们的名称上隐约透露出身份信息。你猜猜，姜黄素、栀子黄和核黄素这几种物质，可能是起什么作用的呢？

这几种都是面饼中的着色剂，能让面饼呈现出自然诱人的金黄色。

姜黄素是从生姜中提取出来的，栀子黄是从成熟的栀子果实中提取出来的，而核黄素的另一个名称你一定不陌生，叫维生素 B_2。这些都是很常用的天然黄色色素。

最后，我向你介绍面饼中一些名称听起来也许不那么“天然”的添加剂，它们分别是三聚磷酸钠、六偏磷酸钠和焦磷酸钠。我们常常会在食品配料表中看到一些化学名称，让人感觉好像“化工味”重，不“天然”。其实，当你学习了一定的化学知识后，你就知道，正如食盐、味精、碱面的主要成分是氯化钠、谷氨酸钠、碳酸钠一样，化学名称并不代表着不健康。

三聚磷酸钠、六偏磷酸钠、焦磷酸钠这几种“磷酸钠”家族成员，是食品工业中很常用的水分保持剂。食品中为什么要添加水分保持剂呢？你应该有这样的生活经验，新鲜的蔬菜和水果总是更好吃。因为新鲜蔬菜和水果中含有的水分更多。为了让面饼在泡或煮的过程中能迅速吸收水分，达到更饱满、顺滑的口感，加入一些水分保持剂，是很有必要的。

了解完这么多方便面面饼中的添加剂，你可能还想问，方便面里没有防腐剂吗？

事实上，面饼中还真没有防腐剂。防腐剂的功能是抑制细菌等微生物繁殖，从而延长食物保存期限。经过油炸的面饼含水量很低，本身就不利于细菌生长繁殖，在正常情况下能保持很久不变质。因此，也就没有添加防腐剂的必要了。

不过，油脂长时间放置后，有可能被空气氧化而变质，产生一种难闻的气味，俗称“哈喇味”。因此，像方便面饼这种油脂含量比较高的食品，就需要加入抗氧化剂，以防止油脂变质。过去，人们为了提高油的抗氧化性，会在油中添加生姜、花椒、丁香等，但如果靠这些香料达到较好的抗氧化效果，用量往往比较大，这样一来，香料本身的特殊气味也会影响面饼的风味，因此，无色无味的人工合成抗氧化剂，便逐步取代了这些香料添加物。维生素 E 和特丁基对苯二酚（TBHQ），都是常见的可用于油脂的抗氧化剂。

单看这两种抗氧化剂的名称，维生素 E 好像听起来更为健康。事实上，TBHQ 也是非常安全的，它的抗氧化效果比许多其他抗氧化剂更好，因此添加量更少。

现在你知道了，小麦粉、淀粉、植物油是面饼最主要的成分，此外，面饼中还会加入食盐和各种添加剂。添加剂包括增味剂、酸度调节剂、增稠剂、着色剂、水分保持剂、抗氧化剂等。添加剂的含量虽然很少，但对提高面饼的口感和口味却有着至关重要的作用。

终于看完了面饼的复杂成分，接下来，我们继续努力，研究一下赋予方便面灵魂的调味料包。

不出所料，果然有谷氨酸钠、核苷酸二钠、琥珀酸二钠这群鲜味剂家族的成员。对于无法用丰富的食材来提味的方便面来说，调味料包的重要性甚至超过面饼本身。调味料包中的食盐、味精、糖、香辛料等，按完美比例组合在一起，用开水一冲，就能泡出一碗鲜美的面汤，真的是特别方便。

最后倒入蔬菜包：脱水胡萝卜、脱水青葱、脱水甘蓝。这碗鲜美的汤面又增色了不少，颜色和口感更丰富，感觉也更“健康”了。

当然，毕竟人家只是一碗“方便”面，你如果指望从中获取蔬菜的营养，那还是得稍微花点功夫，切几片肉，再洗一些菜，认认真真地下厨房煮一锅。

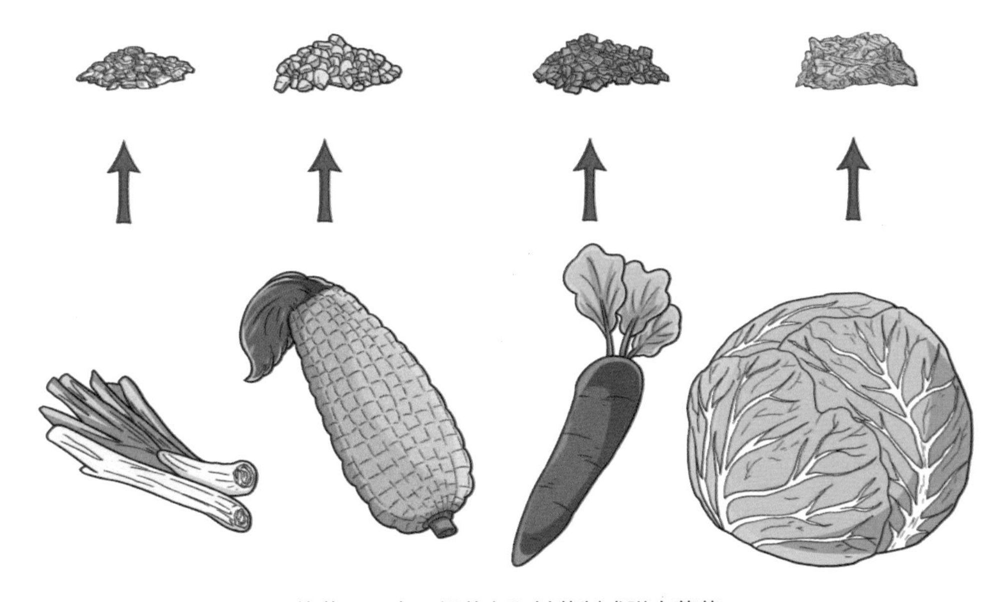

将葱、玉米、胡萝卜和甘蓝制成脱水蔬菜

"化学力"等级提升(4)

当你初步学会了用化学视角进行观察后，你会发现，原本熟悉的事物会变得有所不同。

尝试买一包你曾经吃过的方便面，烧一壶热水，把面泡上。在等待的时间里，认真阅读方便面包装上的配料表，并和前面文章里提到的一一对照。加工食品的成分往往很复杂，你很可能会看到文章里没有出现的成分，可以上网搜索，并简单了解它的性质和用途。

做完之后，面也差不多泡好了。这时候，请你认真地品尝这碗泡面，感受一下，这次吃泡面的心情有何不同？

友情提醒，为了健康考虑，不要把汤全部喝光哦。

未成年人须在成年人陪同下操作哦！

防腐——破解食物的保鲜密码

2

小迪看我写到脱水蔬菜，一脸若有所思。过了一会儿，他忽然抬起头来，问:“这是不是蔬菜木乃伊?”

我愣住了:“什么蔬菜木乃伊?”

“就是古埃及人为了让死去的法老能够不朽，把他的身体脱水，做成干尸，这样就可以保存几千年。脱水蔬菜，就相当于把蔬菜做成木乃伊，所以也可以保存很久，对吗?”

我被他这一番“歪理邪说”给逗乐了，这小子，还发现了食物保鲜的一个秘密呢。

“对呀，”我说，“因为微生物的生存和繁殖都离不开水，把水分去掉，细菌无法繁殖，就能防腐了。”

“可是果汁里有好多水分，怎么也能保存很久不坏呢?”

“那是因为人类很聪明，发明了不止一种能让食物保鲜的方法呢。”

2.1 常温奶和冷藏奶

如果去超市买牛奶，你会往哪个区走？是到冷藏区挑几盒，还是去饮品区直接拎上一大箱呢？

放在冷藏区的牛奶，保质期通常比较短，一般只有 7 天左右，而常温奶的保质期则要长得多，通常放几个月都不成问题。

有不少人在挑选食品时，喜欢选择保质期更短的，理由是“保质期越短，说明加的防腐剂越少，吃起来就越健康”。这话乍一听，很有道理，但其实话里的逻辑，是不够严谨的。因为这句话默认了一个前提，“食品的保质期由防腐剂的添加量决定”。事实上，食物保鲜的方法有很多，添加防腐剂只是其中一种罢了。

目前市场上的常温奶和冷藏奶，基本没有添加防腐剂。

为什么呢？因为没必要。

开封后的牛奶，确实很容易变质。尤其是夏天，喝剩的牛奶如果不及时放进冰箱，过上几个小时再喝，就可能腹泻。那么，超市售卖的牛奶，是如何做到可以保存几天甚至几个月都不变质呢？

常温奶（左）和冷藏奶（右）

这就要从一位叫巴斯德的化学家说起了。你也许听说过他的大名，他就是发明了狂犬病疫苗，拯救了无数人生命的巴斯德，也是几乎在每一本葡萄酒书籍里都会提到，甚至被尊称为“葡萄酒之父”的巴斯德。

巴斯德为什么会被称为“葡萄酒之父”呢？这要从19世纪50年代说起。当时法国的酿酒商们非常苦恼，不知道为什么，工厂酿制出来的酒，放置一段时间，就很容易变质发酸，变得难以入口。在尝试改进了各种工艺之后仍然无计可施的他们，想到了在法国里尔大学当化学教授的巴斯德，也许教授的渊博学识能解决这个问题呢，于是，他们向巴斯德求助。

果然，巴斯德没有辜负大家的期望，他通过研究，很快就找到了使酒变质的元凶——乳酸菌。说到乳酸菌，其实我们已经很熟悉了，它是一种益生菌，酸奶中就含有大量的乳酸菌。人体肠道中的乳酸菌有助于改善肠道功能，并抑制有害细菌的繁殖，适当喝些酸奶，能帮助消化。不过，对葡萄酒酿制工业来说，乳酸菌可不受欢迎。因为乳酸菌的繁殖，使葡萄酒中的糖类发酵产生乳酸，酒产生了酸味，这样一来，葡萄酒原本美妙的口感便荡然无存。

巴斯德找到原因后，是怎么解决问题的呢？化学家们最擅长做实验，巴斯德在做了大量的实验后，终于找到了一种杀灭酒中乳酸菌的完美方法。当时，液态食品加工普遍采用的灭菌法是煮沸，但这对酒类行不通，因为酒精易挥发。如果将酿造好的酒煮沸，会导致酒精挥发，使酒的品质大打折扣。

巴斯德在实验中发现，不必煮沸，只需用60℃左右的温度将酒加热半小时，就能杀灭含乳酸菌在内的绝大部分微生物。这种低温消毒法，能在不破坏葡萄酒风味的前提下杀菌，因此非常受欢迎，很快便被推广开来。

值得一提的是，在对细菌这些微生物的长期研究中，巴斯德成功地以一名化学家的身份实现了跨界，他开创了生物学中一个独特的新领域——微生物生理学，并成为了一名伟大的微生物学家。他的一些微生物经典实验，至今仍然被津津乐道，其中最著名的就是曲颈瓶肉汤实验。

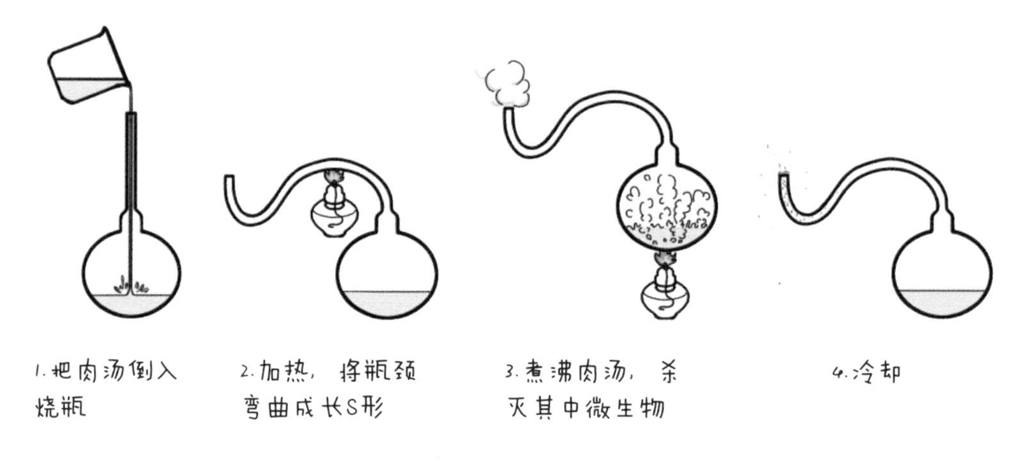

曲颈瓶肉汤实验

曲颈瓶是巴斯德自己设计的一款玻璃仪器，有着长而弯曲的瓶颈。实验时，向瓶中倒入有机营养液（肉汤或酵母汤），加热煮沸以杀灭细菌。由于曲颈瓶的独特构造，外部空气中的细菌难以通过弯曲的瓶颈进入瓶内，因此瓶中的液体可以保存很长时间都不变质。据说如果用肉汤做这个实验，可以放置四年都不腐败呢。

巴斯德用曲颈瓶实验证明，食物的腐败和变质是由微生物繁殖生长引起的，这些微生物不是凭空产生的，而是空气中的微生物附着在食物上，进而繁殖产生的。巴斯德还发现，不仅是酒类，将各种食物在60℃左右加热约30分钟，都能杀灭绝大部分的病原体，从而延长食品的保鲜期。

人们把这种不会因为温度过高而破坏食物的口感与营养成分的消毒法，称为“巴氏消毒法”，直到今天，巴氏消毒法仍然在食品加工业中被广泛采用。

大家常把冷藏奶称为巴氏奶，因为冷藏奶就是用巴氏消毒法进行杀菌处理的。巴氏消毒法最大程度地保留了牛奶原有的风味、口感和营养，因此很受欢迎。不过，难免会有一些微生物在消毒后“幸存”下来，因此，经过巴氏杀菌的牛奶保质期不会太长，大都在一周左右。

除了巴氏消毒法，科学家们还发明了一些更为“猛烈”的杀菌方法。例如，将牛奶加热到超高温，135～140℃，在这样的温度范围，只需几秒钟，就可以杀死几乎所有的微生物。

这种更“猛烈”的杀菌法，叫超高温瞬时杀菌法，简称 UHT（ultra-high temperature instantaneous sterilization），经过 UHT 处理的牛奶，灌入包装盒（一种纸铝塑复合包装材料的包装盒），牛奶就能很好地隔绝水、空气和光线，从而无需冷藏，就能实现长达几个月完美保鲜的目的。

不过，牛奶经历的那几秒钟“超高温”，会使其中一些不耐热的成分遭到破坏。虽然破坏的程度很低，几乎不影响牛奶的营养价值，但对于味觉比较敏感的人来说，可能会觉得，常温奶的风味略逊色于冷藏奶。

可以说，在保质期和风味上，冷藏奶和常温奶各有千秋。正如鱼与熊掌不可兼得，在做出选择前，我们需要先明确自己的核心需求。如果比较在意牛奶的新鲜度与风味，就购买冷藏奶，如果希望贮存方便，那更适合选择常温奶。

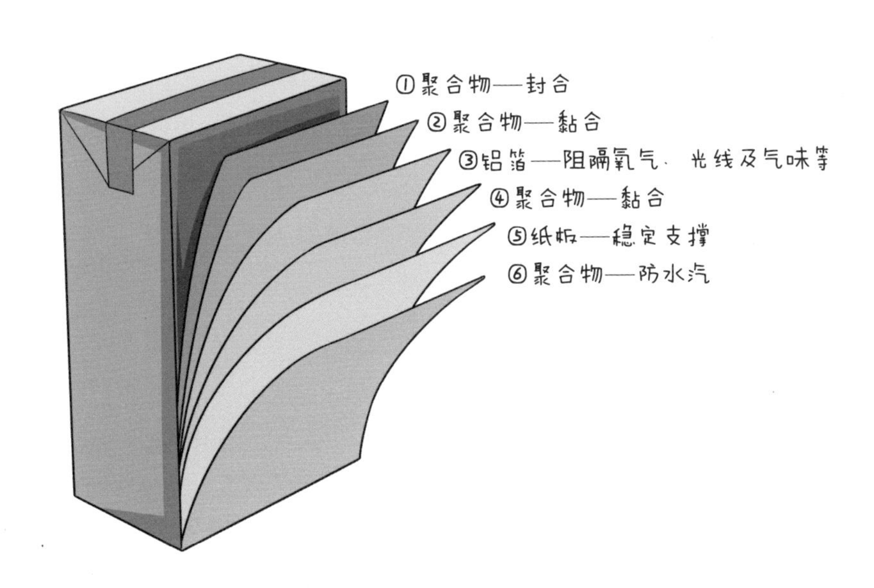

“化学力”等级提升（5）

具备化学视角后，往往会更容易观察到物品的细节，对一些现象也容易理解得更为透彻。

请你尝试解释以下事件【便利店一幕】：

小 A 在便利店买了一盒屋顶装冷藏牛奶，请店员加热，于是店员打开牛奶盒，放入微波炉加热。小 B 见状，也拿出所购买的利乐装常温奶，请店员加热，却被店员拒绝了。

（提示：分别找一个废弃的冷藏奶纸盒与常温奶纸盒，用剪刀剪开，观察剖面，找出原因。）

未成年人须在成年人陪同下操作哦！

2.2 金字塔古墓里的蜂蜜

据说在 1913 年，美国的考古学家在埃及金字塔的图坦卡蒙法老墓里发现了一罐三千多年前的蜂蜜，打开后，发现蜂蜜仍然香甜，可以食用。蜂蜜爱好者们常常会用这个故事来告诉你，蜂蜜千年不腐，是一款滋补圣品，蜂蜜不仅清热、解毒、美容养颜，还能强健心肌、软化血管、润肠通便，具有许多神奇的功效。

又有人说，这可能是误传，罐子里的液体实际上是纯碱与水的混合物。到底是蜂蜜还是纯碱，从现有的资料难以考证。我们当然也不可能再花三千年时间，去做一个实验来验证蜂蜜究竟是不是能“千年不腐”，但不可否认的是，在食品界，蜂蜜确实属于保质期较长的优秀选手。

超市出售的蜂蜜，一般保质期在两年左右，有的长达三年，这比很多食品的保质期要长。不过，即便如此，食品界的保质期冠军，也还轮不到蜂蜜。有些食品的保质期比蜂蜜还要长得多。长到什么程度呢？甚至你在它的包装上，都找不到“保质期”这几个字。

是的，有食品享有这种特权，可以不用在包装上标注保质期。

国家市场监督管理总局于 2020 年发布的《食品标识监督管理办法（征求意见稿）》的第十五条指出，食品标识应当标注食品的生产日期、保质日期，同时也特别提到，对于酒精度≥10% 的饮料酒、固态食糖、未加碘食用盐、味精，可以不用标注保质日期。

为什么这些食品可以不用标注保质期呢？

因为它们几乎不可能变质。巴斯德的曲颈瓶肉汤实验告诉我们，食品之所以会变质，主要是因为微生物污染。但微生物的生长与繁殖需要适宜的环境，而有些食品不仅不适宜细菌生存，本身还具有灭菌效果。以酒精度高的酒为例，我们在一些影视作品中，会看到被称为“战斗民族”的俄罗斯人，把伏特加酒直接倒在伤口上，给伤口消毒的镜头。这确实有些道理，因为一定浓度的酒精能杀灭细菌。

醋也有类似的杀菌效果。由于食醋的酸性比较强，微生物在食醋中也无法繁殖。有些人喜欢用白醋熏蒸房间，觉得这是一种对人体无害的消毒方式，不过，熏蒸出来的白醋浓度实在太小，所以这种方法的杀菌效果并不显著。

食盐和白砂糖的保质期长，又是什么原理呢？因为这二者都是对微生物来讲非常恶劣的“高渗透压”环境。什么是“高渗透压”呢？我们来看个简单的小实验。

把一个玻璃管的下端用鸡蛋壳内膜封住，注入浓盐水，然后放入水槽中，保持玻璃管内外液面在同一高度。过一会儿，你会发现玻璃管内液面神奇地上升了。

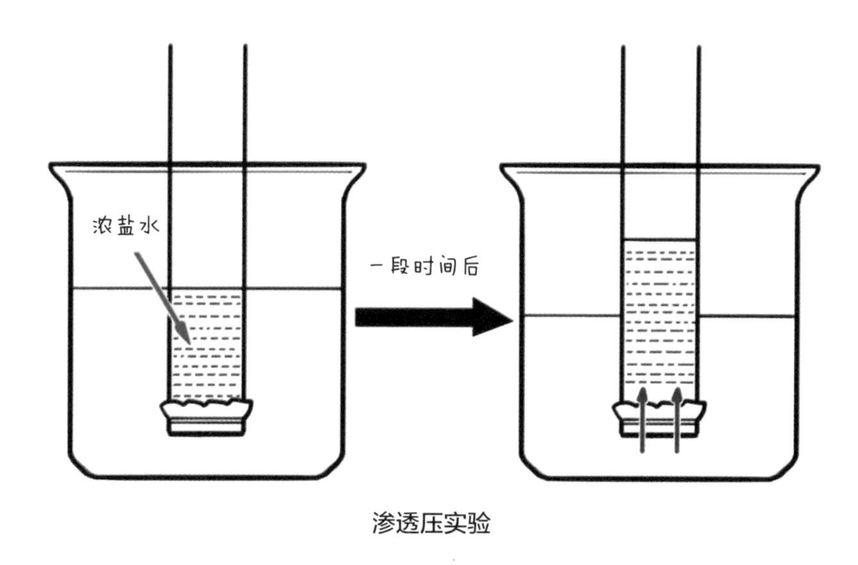

渗透压实验

这是为什么呢？因为鸡蛋壳内膜是一种半透膜，上面有许多肉眼不可见的小孔隙，可以选择性地允许一些小分子或者离子通过。当管内外液体的浓度不同时，水分子会穿过半透膜，由低浓度区渗透到高浓度区。在这个实验里，玻璃管外是低浓度区，玻璃管内是高浓度区，所以水会穿过鸡蛋壳内膜，由烧杯进入到玻璃管中，使玻璃管内水位上升。

如果要阻止水穿过鸡蛋壳内膜，让玻璃管内外的液面维持在同一高度，就要施加一定的压力，这种压力我们称为“渗透压”。这是个非常有价值的发现，第一届诺贝尔化学奖，就颁给了研究渗透压的荷兰化学家范特霍夫。

细胞膜和鸡蛋膜类似，也是一种半透膜。当细胞内外液体浓度不同时，水也会通过细胞膜发生渗透。渗透使细胞要么失水变得很瘪很瘪，要么吸水变得很胖很胖，总之都很难存活。所以，当微生物处在食盐或者糖中，内外浓度的巨大差异而产生的高渗透压，会使它们脱水，然后死亡。

因此自古以来，人们就用盐渍和糖渍等加工手段，来延长食品保质期。渔民们会把吃不完的鱼做成咸鱼干，果农们则把水果制成蜜饯，这些用盐或糖使食品脱水的方法都是让食品处于高渗透压的环境，从而延长保质期。

其实，蜂蜜之所以保质期长，也是因为它的主要成分是糖。蜂蜜中葡萄糖和果糖的总含量高达 70% 左右，对微生物来说，蜂蜜也是可怕的“高渗透压”环境。不过，如果把蜂蜜长期放置在空气中，就可能会吸收空气中的水分，使表层蜂蜜的浓度下降，当表层蜂蜜的浓度降低到一定程度，就会满足一些细菌的生存条件，比如酵母菌。

酵母菌在蜂蜜的表面生长繁殖，将蜂蜜中的糖转化为酒精与二氧化碳，你就能在蜂蜜表面看到许多气泡，同时闻到酒味，这就说明，蜂蜜部分变质了。

同样地，如果保存不当，食盐或白砂糖也可能会吸收空气中的水分，使表面浓度降低，这样一来，高渗透压环境不复存在，细菌也会滋生。所以，很多食盐和白砂糖的厂商，通常会考虑到顾客也许没有很好的保存习惯，还是会标注出保质期。

如果想把蜂蜜、食盐或白砂糖尽可能保存比较长的时间，一定要密封，以隔绝空气中的水蒸气，特别是本身已经含水分的蜂蜜。如果用勺子舀取蜂蜜，那么每次用的勺子都要洁净、干燥，以免带入细菌等微生物。

不过，即使十分注意、保存得当，我们也常会看到蜂蜜发生变化，析出大量固体，这又是怎么一回事呢？

这是蜂蜜的结晶现象，并不是变质。刚刚我们说过，蜂蜜中糖的浓度非常高，因此当天气变冷，气温变低时，蜂蜜中的糖溶解度减小，就会析出晶体。从本质上来说，蜂蜜就是一罐超高浓度的糖水，因此，结晶析出糖对它来说，是再正常不过的现象了。

过去人们认为蜂蜜有神奇功效，主要就是因为蜂蜜含糖量高，对食欲缺乏、消化能力变差的病人来说，喝一些蜂蜜水，可以快速补充体力，获取能量。同时，蜂蜜中还含有多种酶、维生素、矿物质，有一定的营养价值，占总量 1% 左右。所以，如果用蜂蜜代替日常摄入的糖，确实是不错的选择，但把蜂蜜当成滋补圣品，认为喝了能青春永驻，就是过度神化了。

“化学力”等级提升（6）

想要顺利完成一场化学实验，不仅要具备正确的化学知识，实验动手能力也非常重要。而获得动手能力的唯一途径，是亲自实践。如果你想提升实验动手能力，可以根据渗透压实验（第 36 页），尝试做“鸡蛋膜渗透压实验”。

这个实验看似简单，其实对动手能力要求很高。因为鸡蛋膜柔软易破，在取膜的过程中还要处理蛋壳和蛋液，稍不注意，就会导致实验失败。不过，即使是失败的实验，只要在实验过程中专注、耐心，也一样能够很好地锻炼动手能力。

对化学工作者们来说，在一次成功的实验之前，经历上百次的失败，是非常正常的事情呢。

取鸡蛋膜的方法：从鸡蛋大头端轻轻敲开一个小洞，然后沿洞一点点往四周剥，一定要慢且小心。

未成年人
须在成年人
陪同下操作哦！

2.3 让食物保鲜的神奇化学物质

盐和糖具有天然防腐作用，不过，如果想要达到好的防腐效果，必须大剂量使用，使食物处于高渗透压的环境。而大量使用盐或者糖的结果是，食物要么很咸，要么很甜。所以盐渍食物和糖渍食物，一直无法成为市场上的主流加工食品，毕竟如果天天吃咸鱼咸蛋、蜜饯果脯这类高盐或高糖食物，不仅不健康，也很容易腻。

将鱼、桃、杏等制成鱼干和果干

使用香料也有一定的防腐效果。许多香料，像花椒、大蒜、胡椒、肉桂和丁香等，都对微生物的生长有不同程度的抑制作用，也是天然的防腐剂。比如丁香花的花蕾中，含有丁香酚、乙酰丁香酚等化学物质，这些物质对霉菌、酵母菌、金黄色葡萄球菌等有很好的抑菌效果。在鲜肉上涂抹丁香等几种香料的提取液，保质期能延长约一倍。如果用这些香料提取物处理烧鸡和酱鸭，甚至能使它们的保质期长达半年。香料延长食物的保质期，还能使食物呈现特别的风味，比起用盐或糖来说，确实是更好一些的选择。

但这么处理后，食材本身的味道也大大减弱。卤鸡翅、卤鸭脖、卤牛肉、卤排骨，确实都挺好吃，但味道都差不多。结果来来回回就那些香料的味儿，吃多了还是容易腻。

那怎么办呢？食品生产商们非常关注这个问题。他们寄希望于化学家们，希望能找到一种物质，最好无色无味，而且只需要很少的剂量，就能有抑菌或杀菌的效果。这样一来，食物的调味就能不受影响，食材本身各具特色的味道也能得以呈现。有没有这么神奇的物质？还真的有，而且不止一种。

苯甲酸，可由安息香树脂制得，又称为安息香酸。苯甲酸或苯甲酸钠，都能干扰细胞膜的通透性，阻碍细胞对氨基酸的吸收。吸收不了氨基酸，细菌等微生物就会被活活“饿死”。而进入细胞内部的苯甲酸分子，还能抑制细胞呼吸酶的活性。不能正常呼吸，细菌等微生物就会被活活“憋死”。

山梨酸、山梨酸钾、山梨酸钙，都能抑制细胞中某些酶的活性，影响细胞正常的生理活动。不能正常地进行生理活动，细菌等微生物就会“发育不良”，无法进行繁殖，从而“断子绝孙”了。

这些能抑制或杀死微生物的化学物质，就是防腐剂。你也许会问，防腐剂会抑制或者消灭微生物，那对人体这种“大”生物，会不会有什么不利影响呢？

相较于细菌这些微生物来说，人体是个庞然大物，自然没那么容易就被“抑制”或者“杀灭”了。更何况，相比微生物的代谢，人体的代谢系统要复杂得多。人体不仅能消化食物，吸收营养，还会帮助我们排出不可利用的物质。目前市场上合法的、按规定剂量添加的防腐剂，在进入人体后，都能顺利被分解或排出，基本不造成影响。

不过，如果超标使用防腐剂，可能会严重危害人体健康。20 世纪初的美国，出现过一本影响力很大的纪实小说——《屠场》，当时的美国正处于其食品安全史上最糟糕的时代，由于缺乏有效的监管，商家们在利益的驱使下，经常往食品内掺毒掺假。《屠场》一书的作者厄普顿 · 辛克莱据说在屠宰厂潜伏了七周，然后把自己目睹的一切关于食品卫生的内幕写成小说。

这部小说引起了巨大的社会反响，人们强烈呼吁美国联邦政府出台相关的政策法规，来限制商家的不良行为。于是，当时担任美国农业部化学物质司司长的哈维 · 威利，在美国国会的支持下，招募了十二名年轻男性志愿者，亲身试验各种可疑化学物质对身体健康的影响。

这些勇敢的年轻研究员大多为平时收入不高的政府职员，每日三餐时间一到，他们便准时出现在化学物质司的专用餐厅里，“享用”免费的食物，例如掺有硼砂和硼酸的“防腐”牛肉等。同时，他们还要每天收集自己的尿液和粪便样本，送到实验室去分析检测。

当时美国的记者们称这些志愿者们为“试毒队”，还报道了哈维·威利和他的试毒队是如何为了科学把自己当成小白鼠，这群人不惜“以身试毒”，甘愿用牺牲个人健康的代价，甚至不惜冒着要缓慢走向死亡的危险，来警醒大众非法使用防腐剂和防腐剂超标的危害。这些报道引起了人们强烈的情感共鸣，在媒体和民众的舆论压力下，1906 年，美国国会通过了《纯净食品和药品法案》(Pure Food and Drug Act)，也被称为“威利法案”。

虽然今天看来，威利的实验存在着一些非常明显的缺陷，例如研究对象的样本数量太少（仅 12 人），对象的个体健康史差异太大（有的志愿者曾患过较为严重的疾病），以及没有对照组（设一组不吃添加剂的人员进行对比实验），等等。但自威利法案出台后，美国的食品安全开启了新的篇章，逐渐走上了法治化监管的道路，威利所领导的部门，也成了今天大名鼎鼎的美国食品药品监督管理局（FDA）的前身。随后，各国的食品监管都逐渐规范化，我国发布的《食品安全国家标准　食品添加剂使用标准》，对各种防腐剂的使用范围和剂量都做了严格规定，所以，对于那些检验合格，能在国内或国际市场上正常流通的食品，可以不用担心其中的防腐剂。而没有标签的一些“三无”产品或自制食品，可能存在使用非法防腐剂或防腐剂超标的风险，要谨慎选择。

当然，那些高举着“绝不含任何防腐剂”的大旗并以此作为卖点的商品，也可能存在着诱导顾客的嫌疑。因为是否添加防腐剂，往往是由食品本身的特点决定的。比如牛奶和水果罐头等食品，经过杀菌后本身就不易腐败，完全没有添加防腐剂的必要。而另一些食品，特别是香肠这一类肉制品，如果不适当添加防腐剂，一旦变质，产生的毒素非常危险。

“化学力”等级提升（7）

性能相似的同一类化学物质，也存在差异。

比如不同防腐剂的防腐性能与安全性就不一样。以山梨酸、山梨酸钾和山梨酸钙为代表的“山梨酸家族”，其防腐效果比以苯甲酸和苯甲酸钠为代表的“苯甲酸家族”更好，安全性更高，价格也更贵些。

这次的“化学力”等级提升，安排在你家附近超市的食品区。请你去那里逛一逛，从不同食品的标签中找到它们。

未成年人须在成年人陪同下操作哦！

2.4 超市仓库里的青香蕉们

香蕉口感甜糯、营养丰富，是非常受欢迎的水果。当香蕉慢慢成熟时，意味着它达到了“最佳食用期”，吃起来最为可口。

不过相比于其他很多水果来说，香蕉的“最佳食用期”稍微短了点。在香蕉达到“最佳食用期”后，如果不抓紧时间把它吃掉，那么慢慢地，香蕉的果肉也会越来越软，一碰就破，伤口处很快腐烂，逐渐变得不可食用了。

对吃香蕉的人来说，这不是什么大问题。只要每次别买太多，待香蕉成熟时尽快吃掉即可。但对于卖香蕉的人来说，这就是个大问题了。因为商家为了降低成本，往往是大批量进货，而同一批香蕉的成熟度都差不多，如果按香蕉成熟的自然规律，商家就要在这一大批香蕉短暂几天的“最佳食用期”里把它们全部卖出去，这显然太难了。

对商家们来说，这些香蕉最好别同时到达“最佳食用期”，而是能分批、有序地成熟。然而，要控制香蕉成熟的节奏，这可能吗？

在化学家们眼中，一切皆有可能。化学的“化”，原指变化的“化”。化学家们的工作，就是研究自然界的各种物质变化，并探索这些变化过程的规律和奥秘，以达到能影响甚至控制这些变化的目的。

水果成熟过程所发生的变化，从化学的角度来看，主要就是果实中的淀粉慢慢转化为糖类，水果的甜度随之增加的过程。

很多年龄较大的人可能在小时候都做过“米缸实验”。在水果不太富足的年代，孩子们喜欢抢先摘下一些快要成熟的水果，比如芒果、柿子、木瓜等，回家将它们埋入米缸，过不了几天，这些水果就成熟了。当然，这些水果如果不放在米缸里，随着时间推移，也会慢慢成熟，但是放在米缸里，会成熟得更快。

为什么米缸具有这样的“催熟”作用呢？

因为这些水果在成熟时，会释放出一种具有催熟作用的化学物质，叫作乙烯。乙烯是石油化工重要产品。如果要衡量一个国家的石油化工发展水平，看看它每年的乙烯产量就可以大致判断了。当然，不管是石油制备出来的乙烯，还是水果成熟时释放出来的乙烯，本质上都是同一种物质。

乙烯是一种非常有趣的化学物质，它被称为“植物生长调节剂”。常温下的乙烯是气态的，水果在成熟的过程中，所释放出的乙烯会逸散在空气中。而当这些水果被放在米缸里时，所释放出的乙烯不容易逸散，而是大部分留在了米缸里，这样一来，高浓度的乙烯，就使水果成熟得更快了。

如果不用米缸，把这些水果密封保存，比如放入一个塑料袋里扎紧口，防止生成的乙烯逃离到空气中，水果也能熟得更快。如果还希望水果的成熟节奏更快些，可以在塑料袋里放几个“乙烯释放器”，比如已经成熟的苹果、香蕉、芒果等。

反之，如果你不希望水果们太快成熟，那么就要及时把其中已经成熟的挑出，以免它释放出的乙烯催熟了其他水果。英文有句和“一粒老鼠屎坏了一锅粥”类似意思的谚语，用来形容个体对群体的不良影响，叫作“One rotten apple spoils the whole barrel”。这句谚语的字面意思是，一个烂苹果能让整箱苹果都一起烂掉。为什么呢？就是因为这个烂苹果是个“乙烯释放器”，催熟了其他苹果。

当科学家们发现乙烯能控制水果成熟这个秘密后，水果的生产和销售就随之发生了巨大的变化。

像香蕉这样成熟期短、容易腐烂的水果，过去在产地附近才有机会吃到。而今天，我们在全国各地都能吃到海南和福建等种植园里生产的香蕉。这些香蕉都是在呈青绿色，还未成熟时，就被成串地采摘下来，装上货车，运往全国各地。青香蕉比熟香蕉要硬许多，所以几乎不用担心香蕉在运输过程中易被压烂的问题。

如果你有机会，去大型连锁超市的仓库里看看，会发现仓库里的香蕉和货架上的香蕉截然不同。仓库里成批储存的香蕉全部都是青的，这些青香蕉能保存很长时间。当超市需要上架新的香蕉时，这些青香蕉就会被“安排成熟”，它们可能会被送进充有乙烯气体的催熟房，或是被喷上一种会释放出乙烯的“乙烯利”溶液。在乙烯的作用下，这些青香蕉的果肉逐渐变软，果皮也慢慢变成更为诱人的黄色。

运输中的青香蕉

当你知道香蕉成熟的秘密后，其实，在买香蕉时就有了更多选择。如果你想马上就吃，可以买表皮金黄带褐色斑点的香蕉，这正是它最成熟饱满的完美状态。如果想一次性买多一些，又希望能保存久一点，那除了成熟的香蕉外，可以再买一些比较青的香蕉，将它们和熟香蕉一起放在袋子里扎紧，静等它们成熟。

成熟的香蕉

“化学力”等级提升（8）

为了探究不同因素对化学反应的影响，化学研究中常用对照实验的方法。

你可以根据以下实验步骤，做一个简单的实验，来研究成熟果实释放出的乙烯对未成熟果实的催熟作用。

步骤一：购买两根形状大小相似、成熟度相似的青香蕉。

步骤二：将其中一根青香蕉和2～3根熟香蕉装进同一个透明塑料袋并密封保存，即实验组；另一根青香蕉正常放置于空气中，即对照组。

步骤三：接下来每天在同一时间观察两根青香蕉的变化并记录。

未成年人
须在成年人
陪同下操作哦！

FOOD 3 加工——提升食物的诱人指数

周末的早晨，我通常会为小迪准备相对“丰盛”的早餐。说“丰盛”，其实对比较忙碌的我来说，就只是花点小心思，把平日的食材稍稍加工下而已。

白煮蛋剥壳对半切开，嫩蛋黄的可爱就展现出来了；吐司切成细长条，烤得表面酥脆，平行交错摆在深色方形盘子里，搭上蜂蜜、草莓酱和巧克力酱，十分诱人；水果则是最具有发挥空间的了，爱心草莓、香蕉船、橙子碗、芒果格、莲花猕猴桃等，多上网查查资料，你会发现原来每种水果都能切出新的花样。

周末的早餐我们也喝牛奶，不过只是做配角。用漂亮的茶具，沏一壶滚烫的红茶，给每个人都倒上一杯。

每当这时，小迪就会拿起那个肚子滚圆的小奶罐，往红茶里倒一些牛奶，开心地看着牛奶在红茶中翻滚出的漂亮纹路，再从糖罐里夹出一块方糖丢入茶里，快活地说：“我的奶茶做好啦，今天的早餐真丰盛呀。”

我笑着说：“平时不也是吃鸡蛋、面包和水果，怎么都没听你说丰盛呢？”他说：“当然不一样了，今天每样东西看起来都特别好看，吃起来也会觉得更好吃。”

是呀，要不我们怎么常常用“色香味俱全”来形容美食呢？“色”，也就是食物的外表，还真的挺重要呢。

3.1 你，敢吃虫子吗

小迪看完一本旅游地理杂志，像发现了新大陆般兴奋地告诉我，云南当地有一种“昆虫宴”，就是将蝗虫、竹虫、水蜻蜓、蚂蚱、蚕蛹和蜂蛹等，下锅油炸，据说这些虫子富含蛋白质，而且油炸后又香又酥脆，不仅营养还很美味。

“下次假期你能带我去云南吗？我想看看昆虫宴到底什么样。”他问道。

“可以呀，那要不要点一桌请你吃呢？昆虫宴好像还挺贵。”

“不要不要，我可不敢吃虫子。”

“有什么不敢的，你又不是没吃过虫子。”我一脸坏笑。

他瞪大了眼睛，脸上满是不可思议。“怎么可能！”他叫道。

我打开电脑搜索引擎，输入“胭脂虫”，告诉他，这就是他经常吃到的小虫子。

胭脂虫到底是什么呢？其实，这是一种能产生优质食用色素的虫子。从这种寄生在仙人掌上的小昆虫体内可以提取出饱和度很高的天然红色素，称为“胭脂虫红”。

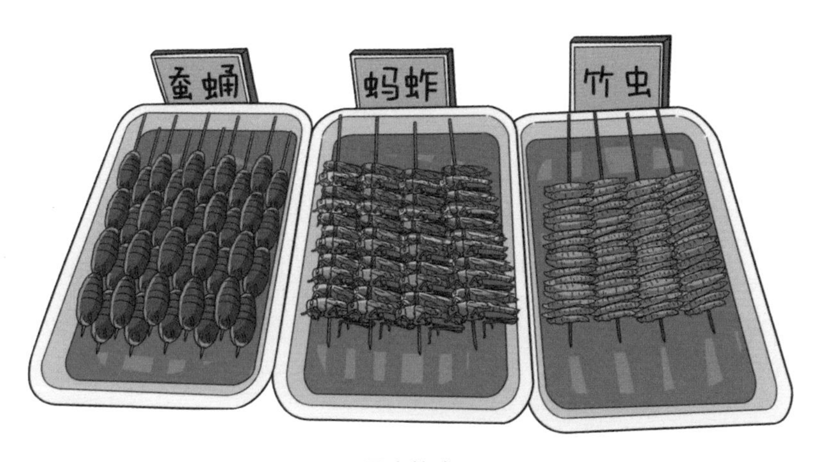

昆虫烤串

仙人掌上的胭脂虫

有趣的是，胭脂虫的雌雄比例非常悬殊，大约为 200：1。能提供色素的是雌胭脂虫，它们非常特别，不长翅膀，身体表面覆盖着雪白的蜡质粉末，还特别安静，一生几乎不会移动，一点都不像虫子，人们总以为是仙人掌叶表面的小突起。将这些“小突起”晒干、磨碎，便可以得到一种非常好的色素——胭脂虫红。雄胭脂虫比较像普通的虫子，它们长着翅膀，体积很小，体内也没有红色素，活着的主要任务就是飞来飞去地和雌胭脂虫交配，以繁殖后代。

人类将胭脂虫红用在食品、药品和化妆品中的历史非常悠久，已经有好几百年了。

早在 16 世纪初，西班牙殖民者进军墨西哥，他们发现，当地人用的这种仙人掌上的“小突起”做出来的红色颜料，比当时欧洲市场上所有的红色染料都更鲜艳，稳定性也更好。殖民者们如获至宝，因为在当时的欧洲，红色是一种非常昂贵的颜色。当时欧洲一磅红色布料的价格约为一名泥瓦匠一个月的工钱。

果然，胭脂虫红被带回欧洲后，其完美的红色令全欧洲为之倾倒。人们发现，这种红色不仅艳丽夺目，不易褪色，而且无毒无害，甚至可以添加到食品中。于是，从主教的长袍，到贵妇的裙子，甚至军队的礼服，胭脂虫红大受追捧，真正成了欧洲上流社会的宠儿。

由于性能过于出色，胭脂虫红的地位长盛不衰，之后长达约三个世纪，胭脂虫作为墨西哥最热门的出口商品之一，一直源源不断地为西班牙提供着丰厚的利润。为了垄断这项生意，西班牙一直将胭脂虫红的生产过程严格保密，胭脂虫的饲养和风干一直都在地下状态秘密进行。大部分欧洲人都以为，胭脂虫红是由浆果或者谷物中提取出来的，在很长一段时间里，大家围绕着它到底是谷物的果实还是仙人掌的种子争论不休，没有定论。

直到一位化学家登场。这位化学家叫波义耳，他出生于英国贵族家庭，从小家境优渥，对这种红色颜料十分熟悉。波义耳对胭脂虫红十分好奇，他想在微观层面上观察这种可以生产美丽红色的颗粒，于是他邀请了一位朋友一起研究。

这位朋友可不是一般人，他是显微镜的发明者——列文虎克。列文虎克热爱磨制各种透镜，并用透镜观察微生物。他应波义耳的要求，用显微镜观察晒干的胭脂虫体。一开始，他用普通透镜观察，得出的结论是植物果实。但随着列文虎克磨镜水平日益精进，他做出了精密度更高的显微镜。当用更好的显微镜再次观察时，列文虎克震惊地发现，这种“植物果实”竟然长着腿和脑袋！于是，他重新提交了实验报告，认为这是“身体内充满了卵的雌性动物”。人们大为震惊，自此，这种已经在人类历史上涂抹了数百年具有艳丽色彩的小昆虫才真正被大家看到。

今天，随着科学技术的发展，人们想要得到美丽的红色，已经有了更多的选择，诱惑红、苋菜红、赤藓红、新红，以及与胭脂虫红只有一字之差的胭脂红。聪明的化学家们用石油化工原料源源不断地合成出各种各样的红色，它们颜色艳丽、性质稳定、价格低廉，因而用途广泛。19 世纪中叶后，这些人工合成色素的批量化生产，使色素的价格大幅度下降，胭脂虫红的市场也一度受到冲击，地位岌岌可危。

但在后来，毒理学实验显示，一些人工合成色素具有一定的致癌和致突变作用。因此，各国的相关规定都要求严格控制人工色素的添加量。而胭脂虫红则要安全许多，不致癌致畸，也几乎没有遗传毒性。所以，在市场上，胭脂虫红虽然价格相对高昂，但市场占有率仍然很有优势。

有些时候，人们对“天然”食品的追求也是有一定道理的。“天然”往往意味着这种食品存在于人类历史上的时间比较久远，其安全性已经经过数代人甚至更长时间的验证，可谓“久经考验”。

当然，胭脂虫红也并非完美无缺，由于它来源于昆虫，其中残留的蛋白质成分，可能会令极少数人产生过敏反应。不过这种过敏反应的发生率很低，对绝大部分普通人群来说，可以忽略不计。

现在你知道了，为什么廉价的食品、药品或者化妆品基本不会选择胭脂虫红做色素。因为它的名字不讨巧，价格比较高，还有产生蛋白质过敏反应的小概率风险呢。

物质的化学名称往往比较复杂，在生产和生活中，我们更经常使用的是根据它们某些特性而起的俗名。比如我们把氯化钠称为食盐，碳酸钠称为纯碱，碳酰胺称为尿素，聚甲基丙烯酸甲酯称为有机玻璃。

色素的化学名称更为复杂，比如 1-（4′- 磺酸基 -1′- 萘偶氮）-2- 萘酚 -6，8- 二磺酸三钠盐，但如果根据它的色彩特征，把它称为胭脂红，使用起来就方便多了。

这次的“化学力”等级提升，仍然安排在你家附近超市的食品区。请你去那里逛一逛，从不同食品的标签中，根据色素的俗名特征，找到你认为可能是食用色素的俗名，并上网搜索，一一确认。

未成年人
须在成年人
陪同下操作哦！

3.2 食物也需要美白吗

让我先直接回答你，是的，对于很多食物来说，“美白”必不可少。

我们先从对人的审美说起。中国有句老话叫“一白遮百丑”，和西方人喜欢拥有“小麦色肌肤”或“古铜色肌肤”不同，中国式审美更偏爱白皙的皮肤，这种审美一直延续至今，很多人在挑选护肤品或者化妆品时，都会注重其美白功能。

有些时候，中国和西方国家在颜色偏好上意见也很一致。比如大家都喜欢把一次性纸杯设计成白色，纸巾和棉签一般也是白色的。在这方面做得最到位的是酒店，你稍微留心下就会发现，酒店里的可替换日用品基本都以白色为主，比如白色的毛巾和浴巾、白色的一次性拖鞋、白色的杯子以及全套白色的床上用品等。

难道对这些物品来说，也是“一白遮百丑”吗？

当然不是。你可以想象一下花花绿绿的酒店的床单给你带来的感受，你可能不免怀疑，这床单到底干不干净？在这些颜色之下，会不会藏着某些不明显的污渍呢？

很多家长不喜欢给孩子穿白色衣服，因为孩子好动，很容易弄脏自己，而白色衣物一旦脏了就会非常明显。酒店用全套白色的床品，其实就是想透过“不耐脏”的白色告诉你，他们对自己的卫生水平非常自信，这些床品都非常干净。

是的，白色的物品确实更容易给人干净清洁的感觉。可白色的食品并不会给人美味可口的感觉，为什么食物还要“美白”呢？

那就不得不提到常发生在食物身上的一类化学反应——褐变反应了。

你应该见过，将苹果切开后放置一段时间，其剖面就会逐渐变为褐色，这就是褐变反应。这是因为苹果中的两类物质——酚和酚酶，顾名思义，酚酶就是对酚有催化作用的一种酶。如果苹果细胞是完好的，里面的酚和酚酶会相互隔离，

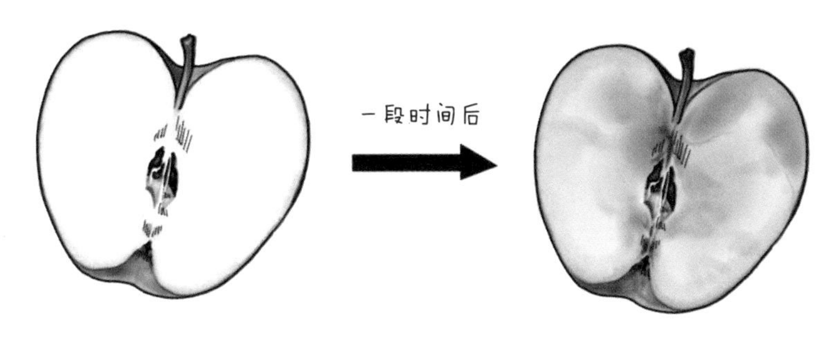

苹果的褐变反应

无法接触，井水不犯河水。但在用刀切苹果时，伤口处有一部分细胞组织被破坏，酚类物质和酚酶得以相互接触，并和空气中的氧气反应，生成褐色物质，我们称之为褐变反应。苹果切片放得越久，和空气接触得越充分，褐变反应就发生得越彻底，颜色也越深。

在水果蔬菜等新鲜植物中，这种由于酶的存在而产生的褐变反应是普遍存在的。不仅苹果，香蕉、桃、土豆等在切开以后，也会慢慢变成越来越深的棕褐色。

慢慢地，我们在不知不觉中形成了一种对这类食品的认知，通过颜色去判断它们的新鲜或可口程度。发生褐变的食物往往会在外观上给人不好的感觉，让人觉得不够新鲜。因此，果蔬类加工食品在生产时必须阻止褐变反应的发生，否则做出来的薯片、桃脯、苹果汁等，都将是千篇一律的褐色，不仅单一，看起来也令人没有食欲。因此，在食品加工时，我们要给食物做“美白”，阻止褐变反应的发生，让食物能呈现出更为诱人的颜色。

那么，该如何阻止这一类褐变反应呢？其实很简单。从反应原理上看，需要酚类物质、酚酶和空气中的氧气三者共同接触，缺一不可。蔬果中的酚类物质对人体健康十分有益，如果为了消除褐变反应而把它们除掉，那就得不偿失了，所以我们通常采用的方法，是除去酚酶或者隔绝氧气。

比如，我们可以采用“隔绝氧气法”，把切好的苹果或土豆浸泡在水中，这样一来，苹果和土豆不和空气中的氧气接触，就不容易变色了。如果用煮沸过的冷开水效果会更好，因为在煮沸后，自来水中原本溶解的少量氧气也会逸出。

不过在食品生产过程中想彻底隔绝空气中的氧气，难度比较大。因此，现代食品加工更经常采用除去酚酶的办法。

绝大多数的酶在高温时会失去生理活性，我们称之为“失活”。在70～95℃下加热约 7 秒，大多数的酚酶就“失活”了。但对果蔬来说，加热后的口感损失会比较大，所以，大多数时候，我们会选择食品漂白剂。

食品漂白剂是一类具有防褐变、漂白和增白作用的添加剂。我国目前允许使用的食品漂白剂有二氧化硫、亚硫酸盐和硫黄，每种漂白剂都有严格的使用范围和剂量要求。

你也许听说过二氧化硫，这是一种会导致酸雨的空气污染物。火山爆发时就会产生这种具有刺激性气味的气体，直接燃烧煤和石油也会产生。二氧化硫是一种有毒气体，不过，物质的毒性，取决于其剂量。以中国历史上最广为人知的一款毒药——砒霜为例，要知道，这种在武侠小说里常常出现的毒药，往往是在中药房里购买的，因为当控制好它的剂量时，砒霜是一味很好的药材。同样，二氧化硫虽然有毒，但若能严格控制剂量，它就可以摇身一变，成为食品漂白剂，恰到好处地为我们服务。

葡萄酒标签

科学家们研究发现，二氧化硫可以抑制酶的活性。二氧化硫可用于果干、果汁、坚果、面条、饺子皮等食品的加工。在用新鲜水果制果脯时，二氧化硫是非常合适的漂白剂，用适量二氧化硫漂白过的果脯，看起来颜色鲜亮美观，比未漂白的要诱人许多。除此之外，二氧化硫还具有很好的抗氧化和防腐能力。这令二氧化硫在制酒业大受欢迎，如果你仔细看葡萄酒的标签，你会发现，几乎所有葡萄酒都添加二氧化硫。

在安全剂量范围内，二氧化硫对食品的性状几乎没有影响。但如果你在街头摊贩处，看到一些不仅颜色鲜艳，而且闻起来还有明显刺激性气味的果脯，那很可能是超剂量使用二氧化硫了，最好敬而远之。

而对于新鲜水果，我们要充分了解自然界为水果们设定的最佳赏味期限，在它们刚刚切开，尚未发生褐变反应时，抓紧时间享用美味。

继续采用之前“化学力”等级提升（8）的对照实验法，来研究不同氧气条件下水果切片的褐变反应。不过，我们要做一个小的升级，即根据实验条件的变化，增加实验组的数量。

举个例子，如果你选择用苹果切片做实验，那么对照组仍然还是一个露置在空气中的苹果切片，但实验组可以设置多个，比如泡在自来水中的苹果切片、泡在冷开水中的苹果切片、泡在维生素C溶液中的苹果切片和用保鲜膜包裹的苹果切片等。

对照实验有个“单一变量”原则，即只有一个变量，其他的量完全相同。在家庭实验中，很难做到真正控制单一变量，不过，选择相同的实验环境（温度、湿度等），再选用尽可能相似的苹果切片，实验结果会更准确哦。

未成年人须在成年人陪同下操作哦！

3.3 熬一锅香浓绵软的白米粥

肠胃不好或是手术后刚被允许进食的病人，医生常会建议他们吃清淡易消化的食物，比如大米粥，最好是熬得比较久、浓稠黏烂的那种。

你有没有想过，为什么大米在水里煮得越久，米汤就会越黏稠呢？

我们还是从大米的成分进行分析。淀粉是大米的主要成分，除此之外，还有少量蛋白质、脂肪和B族维生素等。煮粥过程中最重要的化学反应，是淀粉的“糊化”。什么叫“糊化”呢？在高温下，淀粉分子形成糊状的特性，就是淀粉的糊化。

为什么淀粉在高温下会形成糊状呢？这要从淀粉的分子结构说起了。淀粉比较特别，它的分子相当大，结构也非常复杂。在水中加热时，这些巨大的淀粉分子会慢慢解离，生成较小的淀粉分子，这些小淀粉分子都是长链状，在水中容易彼此连接，形成立体的网状结构，把水分等其他物质都网罗其中。这样一来，米汤的流动性就会变差，从而出现黏稠的口感。这种情况，和我们之前提到过酸奶中的蛋白质分子彼此连接，使酸奶变得黏稠是类似的道理。

淀粉的糊化使淀粉具有一种特殊的风味，很多中式菜肴就很懂得利用这点。以中餐中一种常用的烹饪技巧——“勾芡”为例，在菜品出锅前，用淀粉和汤汁调味后，淋在菜肴上，使食材表面覆盖上一层芡汁，叫作“勾芡”，这种技法可以改善菜肴的色泽和味道，在一些地区很受欢迎。用淀粉还可以制作一些特色羹汤，比如杭州名菜“西湖牛肉羹”，和普通的汤不一样，牛肉和豆腐等食材不是沉在碗底，而是均匀稳定地悬浮在浓稠的汤汁中，随意舀起一勺来，都能品尝到美味的牛肉和鲜嫩的豆腐。

我们再聊回到那碗粥。煮粥的过程，就是大米中的淀粉发生糊化的过程，熬得越久，淀粉的糊化程度越大，米汤也就越黏稠。那么，熬得越久的粥，越容易消化吗？的确如此，在熬煮过程中，解离出的较小的淀粉分子，相对更容易被人体吸收，因此熬得越久的粥，确实也越容易消化。

不过，黏稠的粥，一定是熬了很久的吗？这还真不一定。我不知道你有没有喝过这样的白粥，粥里的米粒并没有被煮得很烂，颗粒分明，甚至略紧实有弹性，但米汤却同样很黏稠。

事实上，这种粥很可能是加了增稠剂。增稠剂是一种食品添加剂，顾名思义，它可以增加水溶液的黏稠度。在加入增稠剂后，原本流动性强的水溶液变得黏稠，浓度高时甚至还能形成凝胶。

我们可以用增稠剂做一个小实验。一开始，我们先往水中倒入一些黑芝麻，这时，一部分黑芝麻由于密度小而浮在水上，另一些黑芝麻吸收了较多的水分，密度变大，下沉到杯底。当加入增稠剂并搅拌后，我们会发现，水变得非常黏稠，颜色也不再完全透明，黑芝麻既不集中地浮在水面也不沉于杯底，而是相对分散地悬浮在水中，看起来更加均匀、稳定。

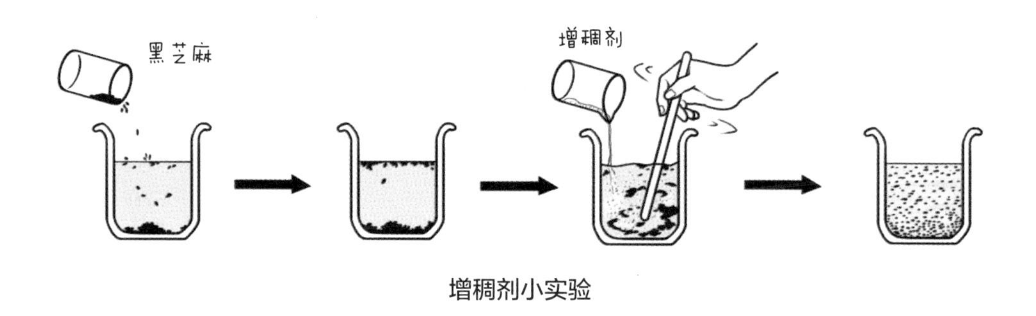

增稠剂小实验

如果水里加更多的增稠剂，黏稠度越来越大，到一定程度时，水就会像被“冻”住了一样，成为凝胶。果冻就是很常见的一种凝胶食品。

常见的凝胶食品还有用驴皮熬煮出来的驴皮冻。驴皮冻有个更优雅好听的名字——阿胶。阿胶是一种传统补品，其主要成分是明胶。明胶是一种纯蛋白，有一定的营养价值，同时，它也是一种天然增稠剂。将猪、牛、羊等动物皮和骨里的胶原蛋白，进行加工降解，就可以制得明胶。

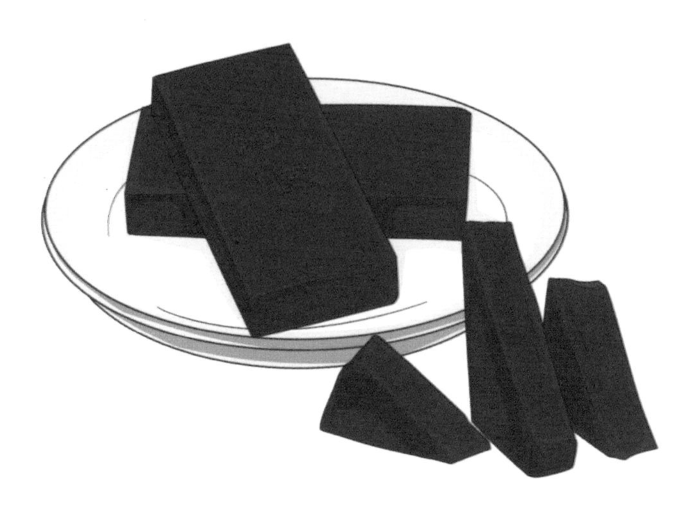

用驴皮制成的阿胶

自然界里的天然增稠剂很多，除了明胶这种动物性胶，还有很多植物性胶。五千多年前，古埃及人就懂得从金合欢的树干渗出物中提取出阿拉伯胶。海藻中可以提取琼脂和卡拉胶。柑橘类果实的果皮中可以提取果胶。槐豆胶、瓜尔胶也是从相应的植物中提取出来的。

除了动物性胶和植物性胶，一些微生物发酵也能制得增稠剂。玉米淀粉在一种细菌的作用下，可以制得黄原胶。

当然，增稠剂界一定少不了人造产品的身影。羧甲基纤维素钠（CMC）和聚丙烯酸钠是人工合成的增稠剂，它们的增稠性能好，安全性高，在食品工业中有非常广泛的运用。很多乳饮料和果汁中就常常用羧甲基纤维素钠作增稠剂，如果不使用增稠剂，乳饮料和果汁非常容易出现分层和沉淀，就像上面实验里那杯水中的黑芝麻一样，水果颗粒和牛奶蛋白要么沉在底部，要么浮在水面，唯有中间层是清亮的水，这样不仅影响口感，看起来品质也令人不放心。

而人工增稠剂往往性能强大，一般只要加入 0.1%～0.5%，即可达到很好的增稠效果。由于加入的剂量很小，可以做到既不影响饮料和果汁本身的味道，也不增加额外的热量。

事实上，我们使用各种食品添加剂的目的，就是为了全方位提升食品的品质，包括色、香、味、形态和质地等。有了各种性能各异的食品添加剂，我们才能制作出高品质的饮料、果酱、面条、果冻、冰激凌、面包、蛋糕等食品。像明胶和羧甲基纤维素钠都属于经过临床试验，经国家许可的食品添加剂，只要合规合法，我们无须过度担心。

许多水果都含有天然增稠剂——果胶。通过简单的处理，可以去除水果中的水分，熬制出果胶，将水果制成黏稠可口的果酱。

你可以根据下面这个“果酱制作万能公式”，亲手制作一份果酱。初次制作时，建议选择苹果、草莓或者蓝莓等果胶含量丰富的水果，更容易成功哦。

未成年人须在成年人陪同下操作哦！

果酱制作万能公式

步骤一：水果（含果皮）洗净切块。

步骤二：往果肉中加糖（果肉重量的15%～20%）腌制15～30分钟。

步骤三：继续加适量水至没过果肉，小火慢煮，过程中不断搅拌，防止粘锅，待混合物成糊状时停止加热。

步骤四：冷却后装入洗净并消毒的容器，冷藏保存。

3.4 神奇的香味物质

你是否想过，“香”与“臭”的本质是什么呢？

为什么我们喜欢花香、果香和各种食物的香气，讨厌烧焦味、人体排泄物的气味和腐败动物体的气味？为什么前者让我们觉得愉悦、舒适甚至诱人，而后者却让我们避之唯恐不及呢？

我们之所以对气味有着天然的喜恶，很可能是人类在不断进化的过程中，留在基因里一种“趋利避害”的本能。嗅觉就像是一种远程探测功能，在人类的生存与繁衍中发挥着重要的作用。通过嗅觉，我们可以察觉到很多信号。比如香喷喷的烤肉味，告诉我们附近有食物；闻到烟味，很可能是哪里着火了；一条鱼发出浓烈腥臭味，说明其肉质已经腐败，不能吃了。

那我们又是怎么闻到气味的呢？

这其实是个非常复杂的问题，有两位美国科学家做出了比较好的回答，并因此获得了2004年的诺贝尔生理学或医学奖。他们是理查德·阿克塞尔和琳达·巴克。这两位科学家揭示了人类嗅觉复杂机理，他们发现人体内有一个庞大的基因家族，这些基因制造了种类繁多的嗅觉受体。简单地说，就是这些嗅觉受体，让我们得以闻到各种各样的气味。

当气味分子进入鼻腔后，会与特定的嗅觉受体结合，产生信号并由神经传导至大脑，从而形成嗅觉感知，我们就会感觉“闻到了某种气味”。人体内的嗅觉受体的数量非常庞大，有大约1000种，不仅如此，它们还能按不同的形式组合产生气味信号模式。当一阵香气传来时，其实就是不同的化学物质按特定比例组成混合分子，这些混合分子刺激鼻腔里对应的嗅觉受体组合，进而传递信号至大脑，于是我们感觉“闻到了某种香味”。

通过组合而成的气味信号模式的种类非常之多，而我们人类对气味信号模式的识别能力也很强。许多人在多年之后，还会在某些时刻，感觉“闻到了小时候

烤肉（左）和腐败的肉（右）

某种记忆中的味道”。科学家们进行了研究和统计，发现人类可以辨别和记忆的气味竟然多达 1 万多种。

你可以试着闭上眼睛，看看光靠闻气味，能不能识别出一些水果。通常吃过榴莲、芒果或者菠萝的人会很容易“闻”出它们。其实，水果们都有自己独特的气味，以西番莲为例，这是一种原产于美洲的热带水果，它果汁丰富、香气浓郁，据说含有 100 种以上的水果香味成分，因此在引入中国时，大家给它起了个好听的别名，叫“百香果”。

其实，如果从香味成分的数量来说，绝大部分水果都可以叫“百香果”。就拿我们最熟悉的苹果来说，用现有的化学仪器进行分析，可检测出的苹果中挥发性的香气成分高达 300 余种，其中大部分是酯类，如 2- 甲基丁酸乙酯、丁酸乙酯、乙酸己酯等，少部分是醇类与醛类，如 2- 己烯醇、2- 己烯醛等。

葡萄中的挥发性香气成分也以酯类和醇类为主。葡萄的香味物质主要是乙酸乙酯、香茅醇和牻牛儿醇等，当葡萄酿成酒之后，香气又进一步发生了质的变化，从“水果味”变成了“酒味”。酒类物质中最重要的挥发性物质是乙醇，乙醇还有个大家特别熟悉的俗名——酒精。当然，葡萄酒和其他酒类闻起来有区别，是因为它还含有许多其他成分（如 2- 苯基乙酸乙酯、苯乙醇、辛酸、癸酸、辛醇、十二酸乙酯、3- 甲基辛酸丁酯等），这些成分和乙醇一起，共同组成了迷人的葡萄酒香。

比起水果，肉类的情况更复杂有趣。你有没有留意过，生肉几乎没有香味，但熟的肉却往往很香。这是因为在烹饪过程中，发生了著名的“美拉德反应”。这是在 1912 年，由法国化学家美拉德发现的。美拉德在实验中发现，将糖和氨基酸混合加热，会产生棕褐色的物质，同时伴随着许多香味分子的生成。美拉德反应也是一种褐变，但和切开的苹果放在空气中的褐变不同，美拉德反应并没有酶的参与，属于“非酶褐变”。这个反应在烹饪过程中广泛存在，被称为“最美味的化学反应”。

鸡肉在烘烤的时候，就会发生美拉德反应，科学家们从烤鸡中分离并鉴定出近两百种挥发性成分，当鸡肉烤熟时，这些成分挥发到空气中，令人食欲大增。烹饪牛肉时也同样发生美拉德反应，产生更多的挥发性成分，达八百余种。

诚然，这些香气成分的化学物质名称都比较复杂，通常我们很难记住。但你只需要知道，这些食物所散发诱人香气的本质，其实就是某些特定的化学物质按一定比例组合而成的混合物。知道了这一点，你就能理解一类特殊的职业——调香师。

除了从自然界现成的物质中提取出天然香料外，调香师也常常会选择所需要的不同气味的化学物质，去进行组合调制，这样的过程不仅能制造出各种迷人的香水，也能制造出能媲美真实食物味道的食用香精。和香水调配不同的是，食用香精在调配时，需要食品工程师不仅用鼻子闻气味，还要用舌头品尝。

食用香精具体是怎么制作出来的呢？我们来了解一款牛肉香精的制作过程：将牛肉绞成馅，与水按约 1∶2 的比例混合，温度稳定在 50℃，加入 0.1% 的蛋白酶使牛肉分解为小分子，等牛肉酶解结束后，升温，使蛋白酶失去活性，得到牛肉蛋白水解液。然后取 28 克牛肉蛋白水解液，加入 1.4 克葡萄糖、1 克木糖、1.12 克半胱氨酸、0.34 克天冬氨酸、0.39 克丙氨酸、0.39 克甘氨酸、1.12 克牛磺酸、1.12 克硫胺素及葱、姜和八角等，在 110℃下反应 30 分钟，即得牛肉香精。

制作过程加了多种化学物质，一些是糖类，一些是氨基酸，当它们混合并加热时发生美拉德反应，这样制作出的牛肉香精，有着和真实牛肉极为相似但却更加浓郁的香味。只需在食品中加入一点，就能使牛肉香味倍增，这样“身小力量大”的牛肉香精，自然在食品工业中很受欢迎。牛肉味方便面中的汤料包大都加入了牛肉香精，各种牛肉丸和牛肉饺子在制作时，也常会添加适量的牛肉香精，以增强香味。很多人觉得，超市卖的牛肉类制品比家里炖煮出来的牛肉更香，就是这个道理。

水果香精的制作要简单许多。我们来了解一款苹果香精的制作。你只需按下面的配方表，称取每种化学物质对应的用量，再将它们均匀混合，即可得到苹果香精。

某苹果香精配方表

组分	用量/g	组分	用量/g
异戊酸异戊酯	112	异戊酸苯乙酯	0.2
柠檬醛(97%)	1	乙酸烯丙酯	0.2
苯甲醛	1	冷榨橘子油	1
甲酸香叶酯	0.5	BHA（丁基羟基茴香醚）	0.1
丁酸异戊酯	15	甲酸戊酯	1
香兰素	1	甘油	20
乙酰醋酸乙酯	11	醋酸乙酯	22
异戊酸乙酯	22	蒸馏水	123

像苹果香精这样的果香型香精还有很多，比如橘子、柠檬、香蕉、菠萝和杨梅香精，它们用途广泛，绝大多数的果味饮料中都会添加果香型香精。除了果香型香精外，奶油香精、香草香精、可可香精和咖啡香精也很受欢迎，常添加在奶糖、冰激凌和糕点中。

其实，和其他食品添加剂比起来，香精显得特别可爱，因为它不仅带着迷人的气味，还更为安全。

为什么香精更安全呢？因为香精大都有一种非常独特的性质，叫“自我设限”(self-limit)。不知道你有没有这样的经历，在电梯轿厢等狭小空间里，如果身边有喷着浓香水的人，多待上一会儿，我们就会觉得气味过重，闻着不太舒服。这是为什么呢？你或许以为，香精的浓度越大，味道就越香。而“自我设限”指的是，当香精的浓度超过某个限定值时，反而不再产生香味，而是变成令人非常不适的气味，喷着浓香水的人在狭小空间里待得越久，挥发到空气中的香味物质浓度就越高，当超过一定浓度时，就不再是令人愉快的香味了。

“自我设限”的典型代表就是茉莉花中的香味物质——吲哚，吲哚的气味清新淡雅，是香水中最常用的成分之一，可它却有一个特别难听的俗称——粪臭素。因为高浓度的吲哚，不仅香气不再，反而还会产生非常强烈的粪便臭味，让人避之唯恐不及。

你看，香和臭这两种截然相反的特质，在香精身上居然都体现得淋漓尽致。也正是因为这样的特质，在真正的食品加工过程中，是很难超剂量使用香精的，因为一旦过量，适得其反。香精这种“自我设限”的特性，真是独特又有趣。我们在日常饮食中，不妨也学习一下“自我设限”思维，即使美味当前，也要适可而止，不要过量摄入哦。

咖啡豆的烘焙、面包和饼干的制作以及肉类煎烤过程中，我们观察到食物表面的颜色变深，并散发出香气，都是因为发生了美拉德反应。

请你在家里的厨房选择以下某种食材，通过煎或烤的加热方式，亲自动手实践，见证这种“最美味化学反应”的发生，并用眼、鼻、口观察反应的生成物。

建议选择的食材：牛排、鸡翅、猪肉、鱼肉、切片面包。

未成年人须在成年人陪同下操作哦！

3.5 把水变成“草莓牛奶”的神奇实验

如果说，我能在不用牛奶和草莓的情况下，把一杯水变成以假乱真的“草莓牛奶”，你相信吗?

你可能不信。但我告诉你，以今天的化学技术，这件事完全可以实现。当然，要变这个“无米之炊”的魔术，不用草莓和牛奶，就得借助一些特别的材料。说特别其实也并不特别，接下来要登场的这些材料，很多都是现代食品工业中常见的添加剂。

首先，要把水变成牛奶。水和牛奶的差别很大，因此我们要对水进行全方位的改造。一是颜色，二是气味，三是质地。我们要使用三种食品添加剂，色素、香精和增稠剂。

我们可以先用温水冲泡一杯蛋白粉。蛋白粉是一种常见的营养补充剂，顾名思义，它的主要成分是蛋白质。蛋白粉里通常含有乳清蛋白、酪蛋白和大豆蛋白等。对日常饮食获取蛋白质不足的人，比如某些病人、素食者、运动员或健身人士，蛋白粉可以帮助他们补充足够的蛋白质。

不过，这杯冲泡出来的蛋白粉溶液，营养虽然不错，但看上去和牛奶还是有挺大差别的。它的颜色比较浅，不像牛奶那样，能呈现出漂亮的乳白色。

我们可以加一些食用色素。加入白色的食用色素后，你会看到，这杯蛋白粉溶液立刻变成了白色，看起来确实和牛奶有点接近，不过呢，不管闻起来还是喝起来，都还是没有牛奶的味道。

接下来该奶油香精隆重登场了。牛奶中的香味主要来源于奶油。香味物质都比较复杂，通常是由多种挥发性物质按一定比例组成的混合物。有研究表明，天然奶油的香味中有至少 58 种挥发性物质。

人造奶油香精也是由多种香味有机物按比例调配而成的，不同品牌的奶油香精配方不一样，但闻起来都是香喷喷的牛奶味儿。只需加入小小一滴奶油香精，这水不管闻起来还是喝起来，都是浓浓的牛奶味儿了。

但好像还是哪里不对。试着摇晃下杯子，会发现这“牛奶”稀稀的，一点儿都没有真正牛奶那种浓厚黏稠的质感。

因为还没加增稠剂呢。接下来要加的物质叫作“羧甲基纤维素钠”，这是一种很常用的食品增稠剂。加了它之后，液体由稀变稠，摇动这杯“牛奶”时，它就像真正的牛奶一样流动缓慢，质地醇厚，看起来很有营养的样子。

好了，现在这杯“牛奶”，基本可以以假乱真了。可以加“草莓”啦。

聪明的你一定能想到，要模仿草莓的味道，也得加色素和香精。我们可以加入一种红色色素——诱惑红，只需一点点儿，就可以让牛奶呈现可爱的粉红色，和加了草莓果汁的牛奶一模一样。然后再来一点草莓香精，草莓的香味儿也有了。

水果大都酸酸甜甜的，草莓也不例外。因此，我们还需要增加甜味和酸味。

先来一些阿斯巴甜，这是一种人工合成的甜味剂，甜度为蔗糖的150～200倍。或者加入安赛蜜。安赛蜜也是人工合成的甜味剂。它的生产成本低，性能比阿斯巴甜更好。

不过，如果只有甜味，口感单一，喝起来很容易感觉腻。举个例子，橙子在生产时，为了控制其品质，不仅要检测甜度，还要再检测酸度，当甜度和酸度都达到合适的值时，橙子的口味才最好。水果饮料里通常也要加点酸，喝起来才不像糖水。因此，我们可以再加些苹果酸，这样喝起来就是酸酸甜甜的味道。

大功告成了。在色素、香精、增稠剂、甜味剂和酸味剂的共同努力下，这杯水，已经成功变身成一杯看起来十分不错的草莓牛奶。

不要怀疑，这杯草莓牛奶不仅看起来不错，喝起来也很不错呢。现代食品技术的发展已经达到了很高水平，这些添加剂的性能都很好，在色、香、味上几乎能完全满足人类的感官需求。

不过我猜，无论我如何描述这杯草莓牛奶的美味，可能你也很难有胃口了。因为你非常清楚这杯草莓牛奶的成分，它和草莓及牛奶都没有半点关系，只是加了各种食品添加剂的水而已。我相信，在知道真相的情况下，你不会选择购买这样的草莓牛奶。

但大多数时候，你可能并不知道真相，除非你看配料表。

所以，在购买食品时，认真阅读配料真的是个很重要的习惯呢。

尝试从以下两款草莓牛奶中，选出更“纯正”的一款。

第1款

第2款

（答案：相对纯正的是第 1 款。）

甜品应该怎么吃

4

和小迪一起点奶茶，在选甜度时，我们已经了解彼此的习惯了，他总是“全糖”，而我是“不额外加糖”。

一开始，在我们还未达成默契的时候，他会很热情地劝说：“你试试我的吧，我这杯好甜，真的特别好喝！”

我婉拒：“谢谢，不用啦，我喝我自己的就好。”

“真的！特别好喝！”他持续热烈地邀请。

架不住他的盛情，我礼貌地试喝了一口。

“怎么样？”他对我的反应充满期待，一副“怎么样我没骗你吧”的自信满满的样子。

“嗯，很甜，但我不喜欢喝甜的呢。”

“啊？”他觉得不可思议。在他看来，甜几乎就是最美好的味道，怎么会有人不喜欢甜呢？

我告诉他，其实每个人在小时候都一样，喜欢糖果，喜欢各种各样的甜食。但随着年龄增长，出于各种各样的原因，对甜味就慢慢不那么感兴趣了。

也许等他长大了，也会开始点“不额外加糖”的奶茶吧。

4.1 需要节制的甜蜜

人类对甜味有着与生俱来的喜爱。

这可能与人类历史上那段漫长的食不果腹的岁月有关。在为了生存而不得不和大自然搏斗的那些时光里，人类为了寻找食物，不得不冒险品尝各种各样的东西。慢慢地，人类就积累了很多关于食物的经验：那些尝起来有酸味的，往往是不成熟的果实；尝起来有苦味的稍微可怕些，它们大多有毒；而辣味则是一些植物为了不被人或动物吃掉，分泌出特殊化学物质所引起的。

只有甜，意味着既没有毒性，又能提供热量。这是一种刻在基因里的对食物的辨认方法。几乎所有的孩子都天生喜欢吃糖。有个关于犹太人家庭教育的传说，为了培养刚懂事的孩子对书的喜爱，家长会在书上涂蜂蜜让孩子去品尝，借着孩子天生对甜味的兴趣，吸引他们爱上书籍。

甜味如此美好，不仅在感官上，甚至在精神上也能给人类带来满足感。中国最早分析汉字的书《说文解字》里是这么解释“甜”的：“甜，美也。从甘从舌。舌，知甘者。”在中国的汉字文化里，甜就为美。直到今天，我们仍然习惯用“甜美”“甜蜜”去形容美好的感觉。

甜味最主要的来源就是糖了。人们最熟悉的糖就是蔗糖。不管是红糖、白砂糖还是冰糖，主要成分都是蔗糖。蔗糖是怎么制作出来的呢？用甘蔗。将甘蔗榨

红糖（左）、白砂糖（中）和冰糖（右）

汁，加热熬制即可得到红糖。你可以把红糖理解为纯度不太高的蔗糖，红糖中除了含蔗糖外，还含有许多杂质，如各种维生素与微量元素铁、锌等；白砂糖的纯度就高多了，只需要在熬制红糖时加入活性炭，就可以利用活性炭的吸附作用，除去杂质，得到纯度更高的蔗糖，它的颜色洁白，称为白砂糖；如果将白砂糖进一步溶于水中，再蒸发结晶，就能制得纯度更高的块状晶体，即冰糖。冰糖蔗糖的纯度非常高，含量达 99.8% 以上。

另一种大家熟悉的糖是蜂蜜。蜂蜜的历史更为悠久，早在原始社会，人类就懂得从自然界中获取野生蜂蜜了，这是由蜜蜂通过采集植物花蜜酿造而成的甜味物质，也是人类最早食用的糖。

蜂蜜是一种混合糖，主要成分是葡萄糖和果糖，二者都是糖，但甜度有区别。因为最早从葡萄中分离出来而得名的葡萄糖，甜度不太高，约为蔗糖的 0.7 倍，而果糖的甜度却很高，是已知天然糖中最甜的，达到蔗糖的 1.5 倍，它还有迷人的果香味，在绝大多数水果中都能找到它的身影。

在中国古代，人们非常熟悉另一种糖的制作方法，这种糖叫饴糖，成语“甘之如饴”的“饴”，今天我们称它为麦芽糖。早在夏朝，人们就懂得用小麦芽和糯米混合后发酵，制得麦芽糖，麦芽糖的甜度比葡萄糖更低，大约只有蔗糖的一半，但气味芳香，香甜可口，因此很受欢迎。

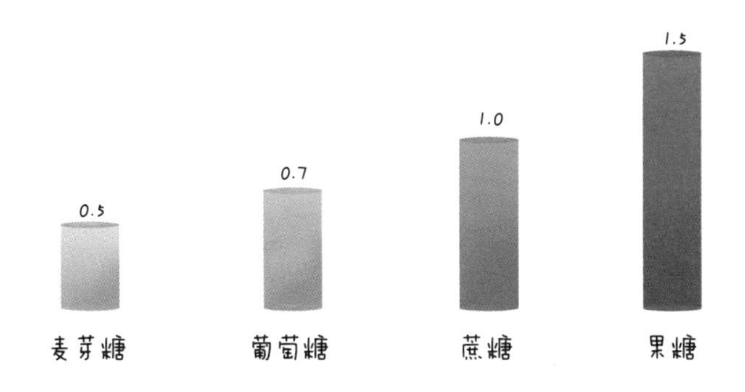

几种天然糖的甜度对比

现代食品工业中最受欢迎的糖当属高果糖浆了。高果糖浆是 20 世纪才被制造出来的，是一款相当“年轻”的糖。它是以玉米淀粉为原料，经一系列转化和浓缩制得的一种液体混合糖，其主要成分为果糖和葡萄糖，因此也被称为果葡糖浆。顾名思义，高果糖浆中的果糖含量高，因此甜度也很高，是现代食品工业最常用的添加糖。由于其优越的食品加工性能，高果糖浆被广泛运用于各种加工食品中，比如可乐等碳酸饮料、果汁饮料、酸奶、冰激凌、面包、蛋糕和果脯。

这些林林总总的糖，都获得了人类的普遍喜爱，它们不仅味道甜美，还可以快速为人体生命活动提供能量。当感觉饥饿头晕时，吃糖可以快速提高血糖浓度，帮助身体恢复正常状态；在长跑等运动前，可以适当摄入糖分作为补给；如果生病无法进食，可以注射一定浓度的葡萄糖溶液。

不过，在今天的社会，人类对糖的喜爱可能有点“过度”了。这种“过度喜爱”可能和大脑中一种叫多巴胺的神经传导物质有关系。科学家们发现，当糖进入口腔时，舌头上的味蕾感觉到甜味，信号传至大脑，大脑便会分泌多巴胺，令人产生开心愉悦的感觉。有一种说法，心情不好时吃点甜食，会容易变得快乐，从多巴胺分泌的角度来看，确实是有一定依据的。

不过，吃甜食很容易不小心就过量了。因为每吃一口甜食，便会引发大脑启动奖赏机制，分泌多巴胺，在这种愉悦情绪的驱动下，我们常常会忍不住再吃一口，而这一口又使多巴胺继续分泌，依然令人感觉愉快，最后越吃越多。这可能就是为什么我们在面对好吃的食物时，如果不运用理智稍加以克制，总会不知不觉就吃得过多的原因。

吃一点糖会感觉快乐，但是吃很多糖，就没有那么快乐了。因为过量摄入糖会带来许多健康问题。小孩子们都知道，吃太多糖会蛀牙，还会变胖。但其实蛀牙和肥胖还不算最糟糕的，更糟糕的是，那些因为过量而来不及消耗的糖分，会转化成脂肪在体内堆积，诱发许多慢性疾病，如高血压、高血脂、糖尿病，严重的还可能导致癌症。

2015 年，世界卫生组织在《成人和儿童糖摄入量指南》中建议，限制游离糖（包括添加到食品中的糖及糖浆，包括蔗糖、果糖、麦芽糖和高果糖浆等）的摄入。无论成人还是儿童，都建议把游离糖的摄入量控制在每天总能量摄入的10% 以下，最好能在 5% 以下。假设一位成年人每天摄入 2000 千卡的总能量，10% 大约相当于 50 克蔗糖。

50 克蔗糖是什么概念呢？我们来做一个简单的计算。

以可乐为例，某可乐的营养成分表上标注每 100 毫升含糖 10.6 克，一听可乐 330 毫升，那么这听可乐含糖大约 35 克。喝完一听可乐，就已经离 50 克蔗糖的警戒线不远了。这时候，再来点酸奶、饼干或者冰激凌，甚至牛肉干，就很容易超标了。

什么？牛肉干里也有糖？是的，如果你平时有认真阅读食品配料表的习惯，就会发现，哪怕是牛肉干、薯片、海苔、卤鸭脖这些咸味零食，也基本添加了糖。因为现代食品工业对人们的口味偏好分析得非常精准，他们研究发现，添加适量的糖，就能做出令人欲罢不能的美味。

所以，不要低估人类基因里对甜味的热爱，你可能比你以为的，更喜欢糖。因此，在面对这种甜蜜的美味时，一定要记得有所节制哦。

营养成分表

项目	每100g	NRV%
能量	180千焦	2%
蛋白质	0克	0%
脂肪	0克	0%
碳水化合物	10.6克	4%
——糖	10.6克	
钠	12毫克	1%

某可乐营养成分表

“化学力”等级提升（14）

物质在水中的溶解度，常随温度的变化而变化，糖类也是一样。

将蜂蜜放入冰箱，常会看到析出白色的固体，这并不是蜂蜜变质，而是因为当温度降低时，蜂蜜中的葡萄糖和果糖的溶解度降低，一部分葡萄糖和果糖无法继续溶解在水中，便成为固体析出了。

尝试将蜂蜜瓶子浸泡在温水（35～40℃）中，一段时间后，观察蜂蜜中固体物质的变化。

未成年人须在成年人陪同下操作哦！

4.2 都是巧克力，成分大不同

与甜味相反，苦是大多数人不喜欢的味道，不过，有些苦味却不一定。

比如巧克力的苦味就令人愉悦。如果不苦，它可能未必会获得这么多人的喜爱呢。用牙齿轻咬，巧克力便会脆声断裂，而后柔滑地融化在口腔里，释放出独特的浓郁香味。这种丝滑甜美中夹杂着微酸苦涩的味道，带来层次丰富的感受，令人欲罢不能。

每逢情人节，情侣们常常互相赠送巧克力作为礼物，人们喜欢用这种食品来代表人类美妙的一种情感——爱情，和它的复杂成分不无关系。

可可碱、多酚和苯乙胺都是巧克力的特别成分。可可碱是巧克力苦味的主要来源，它的结构和咖啡因相似，也和咖啡因一样，具有令人兴奋的提神效果。多酚则具有抗氧化性，对许多慢性疾病有很好的预防作用。而苯乙胺更为特别，它具有一定的抗抑郁效果，能提升人体内的多巴胺水平，让人感觉幸福和快乐，被称为“爱情激素”。除此之外，巧克力中还含有各种微量元素，营养丰富。

这些对人体有益的化学成分，无一例外，都来自巧克力的主要原料——可可液块。

可可液块是用可可豆做的。原产于拉丁美洲的可可树，到了丰收季节便会结出许多豆荚，将豆荚剥开，取出可可豆，经过发酵、晾晒、焙烤、脱壳、碾磨等一系列工艺，便得到一种黑褐色的浆液，这种浆液很容易凝结成块，称为可可液块。

在大航海时代，欧洲探险家们的足迹到达了墨西哥，他们惊讶地发现，当地人喜欢喝一种特殊的“苦水”饮料，这种饮料的味道又怪又苦，但由于提神醒脑和补充体力效果特别好，因此很受欢迎。这种“苦水”饮料就是用可可豆做的，在当地，可可豆的价值受到人们的普遍认可，甚至一度还曾被作为货币使用。

不过在欧洲人看来，可可豆这种苦涩的味道实在是难以接受。于是，各国人民纷纷开始研究，如何能将这种具有神奇效果的苦味尽量转变得可口一些。

可可树

西班牙人将可可豆磨成粉后，加入水和糖并加热，做成“热巧克力”饮料，深受大家的喜爱，很快就风靡欧洲。之后，荷兰人引入压榨工艺，发明了块状巧克力。

今天，压榨法仍然是可可液块最常用的一种加工方法。由于可可液块的油脂含量很高，因此，如果像榨花生油一样压榨可可液块，便可以得到可可脂。可可脂是一种神奇的油脂，当温度低于15℃时，可可脂是固态的，它质地坚实，易脆裂，不过，它的熔点又接近人的体温，因此在进入口腔后，会迅速融化成液态。可可脂的这种特性赋予了它独一无二的口感，人们发现它咬起来很脆，但又入口即化，非常丝滑。

压榨出可可脂后，剩下的固体残渣也大有用处。固体残渣叫作可可饼，将其磨碎，就能得到可可粉。可可粉有着浓烈的香气，是巧克力香味的主要来源。

这样一来，通过压榨法，可以从可可液块中分离出两大巧克力原料——可可脂和可可粉。将可可脂和可可粉按不同比例混合，就能制作出各种各样的巧克力制品。比如将可可粉用水冲泡，加入糖和牛奶，就是热巧克力。若将可可粉和液态的植物油混合，再加入蔗糖，就是原味巧克力酱。

固态的块状巧克力又是怎么做的呢?

以世界上消费量最大的牛奶巧克力为例，可可液块中加入牛奶、奶粉或奶油，充分混合，再加入适量可可脂或可可粉，牛奶巧克力就诞生了。当然，为了使牛奶巧克力更美味，糖是必不可少的，有了甜味的加持，牛奶和巧克力的风味才能相得益彰，产生口感和香气的美妙平衡。

不过，牛奶巧克力添加的糖往往量比较多。你以为你吃的是牛奶巧克力，结果一看配料表，居然摄入最多的是糖。

有没有更纯正的巧克力呢? 有的，黑巧克力。

不过，按国家标准规定，总可可固形物（包括可可液块、可可粉和可可脂）≥25% 称为牛奶巧克力，≥30% 称为黑巧克力。因此，同样是黑巧克力，纯度可能会相差很大。会选择黑巧克力的消费者，一般是不喜甜而偏好更浓可可味的人，所以市面上大部分的黑巧克力，都喜欢将“纯”“黑”作为产品卖点，许多商家制作的黑巧克力，总可可固形物都远远超过 30%，在 60% 以上的很常见，有些达到 90% 以上甚至更高。

纯度越高的黑巧克力，就是越纯正的巧克力。不过，这种香浓中带着苦涩和微酸的复杂滋味，和当年墨西哥人民喝的“苦水”一样，对大多数人来说不太容易接受，只符合一小部分巧克力爱好者的口味。

说完黑巧克力，就不得不提一提白巧克力了。

和含有大量可可液块的黑巧克力正好相反，白巧克力中没有任何可可液块或可可粉，唯一的可可成分是可可脂。白巧克力一般是由可可脂、糖、奶粉和植物油制成的，这也就意味着，当你在吃白巧克力的时候，实际上吃的就是糖和油脂。

虽然白巧克力几乎没有巧克力的香味，主要是糖的甜味，但它也一样具备巧克力既脆实又入口即化的口感，同时，白巧克力的颜色很浅，可以加入色素，做成五颜六色的产品，因此很受儿童的喜爱。

各类巧克力制品

不过，也并非每种巧克力咬起来都是脆的。有一种巧克力，吃起来很绵软，跟普通巧克力的口感大相径庭，这种巧克力叫作生巧。生巧在制作过程中加入了淡奶油，使口感发生了质的变化，不像巧克力，倒有点像嫩蛋糕。不仅如此，生巧中还往往会加入糖和酒调味，表面撒上厚厚的可可粉，味道非常独特。由于奶油含量高，生巧必须低温保存，保质期还很短，一般在一周至一个月，是巧克力中最为“娇气”的品种。

巧克力的种类繁多，不同的人群有不同的口味偏好，坚果巧克力、酒心巧克力、巧克力威化和巧克力火锅等都有各自的消费群体。可能是人类对巧克力实在太情有独钟了，我们不仅创造出各种各样的巧克力制品，甚至还创造了巧克力的原料——人工可可制品。

人工可可制品是可可脂的替代品，因此我们常常称它为代可可脂。代可可脂的原料和可可豆没有半点关系，而是植物油。将植物油和氢气在一定条件下进行氢化反应，可以制得代可可脂。代可可脂的成分和可可脂不同，但物理性质和可可脂非常相似，它同样口感脆实、入口即化，价格还比天然可可脂要便宜许多。

用代可可脂制作的巧克力，味道也不错，而且价格低廉。不过国家标准要求，代可可脂添加量超过 5% 的巧克力，不能称为“巧克力”，必须标明“代可可脂巧克力”。

“化学力”等级提升（15）

在购买食品时，我们往往会被它们的名称吸引，不过，比食品名称更能体现食品本质的，是食品中各成分的化学名称。

未成年人须在成年人陪同下操作哦！

超市里含“巧克力”三个字的食品很多，请你找到若干种，阅读它们配料表中各种成分的化学名称，加以对比，看看能不能找出以下两种：

1. 纯度比较高的巧克力；
2. 不含任何可可成分的巧克力。

4.3 植物奶油比较健康吗

通常我们说奶油，指的是淡奶油，也叫稀奶油。这是一种从牛奶中分离出来的黏稠奶白色液体，油脂含量高，香浓可口，是西式甜品不可缺少的原料。但现在越来越多的蛋糕店，会在宣传产品时特别强调“100% 使用动物奶油”。很多不了解的人看到都会生出疑问，为什么奶油前面要加上“动物”二字？动物奶油是一种什么样的奶油？

其实动物奶油就是传统意义上的奶油。之所以叫动物奶油，因为它源于牛奶这种动物性成分。与动物奶油相对应的，是植物奶油。植物奶油跟牛奶无关，它的原料是植物油。

你可能会觉得奇怪，植物油大家都很熟悉，比如花生油、大豆油和橄榄油，它们都是透明的液体，跟奶油看起来八竿子打不着。确实，植物油常温下大多是液态，比如花生油、大豆油、芝麻油、橄榄油等；而动物脂肪比如猪油，常温下大多是固态，我们常常称之为“肥肉”。

可是，从化学组成上看，液态的油和固态的脂肪都属于同一类化学物质，我们统称为油脂，化学名称是“高级脂肪酸甘油酯”，不同的油和脂肪，区别在于其中“高级脂肪酸”的种类不同。大多数植物油是由不饱和高级脂肪酸形成的，常温下是液态。而动物脂肪多数是由饱和高级脂肪酸形成的，常温下是固态。

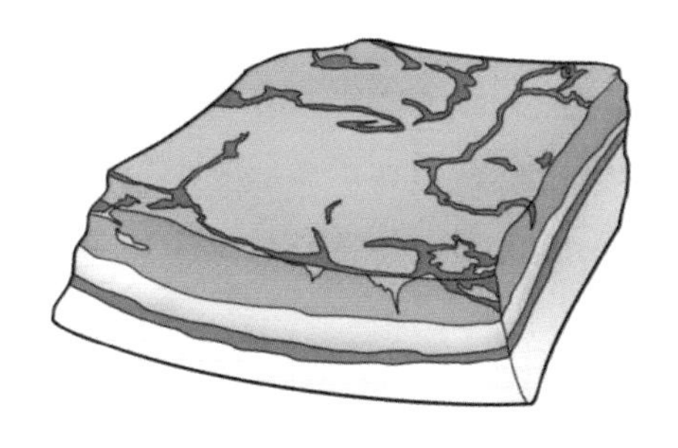

花生油（左）和五花肉（右）

那么，不饱和高级脂肪酸为什么“不饱和”呢？是缺了什么吗？

你可以理解为，缺了氢原子。如果有了合适的反应条件，让不饱和高级脂肪酸和氢气发生化学反应，它就会变成饱和高级脂肪酸。也就是说，如果让油和氢气发生反应，它就会从“不饱和高级脂肪酸甘油酯”变成“饱和高级脂肪酸甘油酯”。

这可太有意思了，因为这么一来，液态的油就会变成固态。由于是和氢气发生反应而得到的，因此这种油被称为氢化油。氢化油具有很多普通植物油不具备的优点，比如更稳定，更不易腐败，还能增强食品的口感，因此被广泛运用于食品工业。

超市售卖的很多零食，比如巧克力、蛋黄派、奶茶、咖啡伴侣、薯片、饼干、冰激凌、炸薯条、炸鸡等，都会用到氢化油。将氢化油与水、奶油香精和乳化剂等进行加工，就能得到性状和动物奶油非常相似的植物奶油，可以用于面包和蛋糕的烘焙。

植物奶油在口感上和动物奶油有明显的差别，一些人喜欢植物奶油，认为它清甜爽口，而另一些人更喜欢动物奶油，觉得它奶香浓郁。二者的味道谈不上孰优孰劣，只能说萝卜青菜，各有所爱了。

在使用上，植物奶油和动物奶油没有太大区别，生日蛋糕上的奶油就是将它们打发而成的。在用打蛋器打发奶油的过程中，通过机械搅拌，使空气不断鼓入奶油中，奶油体积膨胀，流动性逐渐变差，直至凝固。凝固后的奶油可以挤成各种形状，非常适合用来装饰蛋糕。

不过，很多蛋糕店不太喜欢用动物奶油装饰蛋糕。因为打发动物奶油不仅耗时久，而且打发后还很容易融化，如果把动物奶油放在手心，几乎立刻就会融化。因此，用动物奶油装饰裱花的蛋糕必须放在冷藏柜低温保存。植物奶油就没那么娇气了，它不仅更容易打发，而且打发后膨胀率高，看起来体积更大，最重要的是，植物奶油的性质稳定、不易融化，直接常温保存就行，非常方便。

在价格上，植物奶油的价格也比动物奶油要便宜许多。因此长久以来，植物奶油更受商家的青睐，绝大部分面包和蛋糕中添加的都是植物奶油。

那为什么有些蛋糕店要特别强调他们“100% 使用动物奶油”呢？

这就不得不提到植物奶油的另一面了。原来，植物奶油常以氢化油为原料。在食品工业，氢化油主要指的是用氢化工艺处理过的植物油，它性质稳定，使用方便，口感好，保质期长，而且还有很大的价格优势，可以说是食品加工领域的“一把好手”。这几十年来，它被广泛运用于食品工业，人们爱吃的很多零食，包括糖果、咖啡、奶茶、冰激凌和很多煎炸食品中都有它的身影。

但是，近年来，随着医学水平逐渐提高，人们发现，大部分氢化油中含有反式脂肪酸，而反式脂肪酸会使人体内的“坏”胆固醇——“低密度脂蛋白胆固醇”升高，从而增加患心血管疾病的风险。不仅如此，反式脂肪酸还会使人肥胖，增加患糖尿病、高血压等慢性疾病的风险。

就像我们常说的，看人不能“以貌取人”，而是要看其内在的品格和修养一样，对不熟悉的食品配料成分，我们也不能简单地“顾名思义”。好比动物奶油和植物奶油，在没有深入了解之前，不要因为看到“植物”二字，就想当然地以为，它是更健康的食品。

由于反式脂肪酸对身体的不良影响，国家规定，如果食品配料含有氢化油，应当在食品标签中标示出反式脂肪（酸）的含量。只有当每 100 克食品中的反式脂肪酸含量低于 0.3 克时，才能将反式脂肪酸含量标注为 0。

美味固然重要，但健康更为关键，油脂生产商们也充分认识到这点。现在，他们积极地改进生产工艺，通过改变氢化反应条件和使用新型催化剂等方法，以减少氢化过程中产生的反式脂肪酸。目前，一些大型油脂加工厂已经可以做到“低反式脂肪”甚至“零反式脂肪”，所以我们能看到，一些食品的材料表中虽有氢化油，但营养成分表中的反式脂肪酸却为零。

相信在未来，随着科技不断发展，我们能吃到越来越健康又美味的植物奶油。

与植物奶油相比，动物奶油有天然的奶香味，不过动物奶油价格更高，且不易保存，因此市场占有率不高。

去不同的面包房逛一逛，观察它们的奶油制品，尤其是蛋糕类，找到那些以动物奶油为原料的产品，将它们和以植物奶油为原料的同类商品进行比价，记录下来，向你的家人和朋友们做说明与推荐。

未成年人须在成年人陪同下操作哦！

4.4 无糖饮料不甜吗

我们知道，人类对甜味一直有着天然的喜爱。加点糖，常常会令人感觉食物的味道变得更好。但随着生活水平的提高，人们发现，其实精制糖并不是一种健康的食品。摄入过多的糖分会引起各种健康问题，例如龋齿、肥胖，严重的还有许多慢性疾病，如高血压、高血脂、糖尿病等。

于是，一些相对比较有健康饮食观念的人，会有意识地减少糖分的摄入。比如在购买饮料时，选择“无糖饮料”。市面上的无糖饮料很多，按照国家标准，食品每100克或100毫升中的糖含量≤0.5克时，可以标注“无糖饮料”。

“无糖”是一种什么样的味道呢？以茶饮料为例，如果每100毫升茶水只加不多于0.5克的糖，那做出来的绿茶或茉莉花茶饮料，喝起来几乎感觉不到什么甜味，和普通茶水差别不大。如果你是个甜味饮料爱好者，那这样的茶饮料对你来说可能一点儿也不好喝。

不过，如果你喝过市面上的无糖绿茶或者无糖茉莉花茶，会发现其实都蛮好喝的。仔细品品，也挺甜呢。

这是因为“无糖≠无甜味”。

对饮料生产商们来说，他们既要迎合新时代消费者们对于“无糖”的健康需求，又不能放弃饮料的口味。因为一瓶毫无甜味的饮料，对绝大部分顾客来说，都没什么吸引力。

那该怎么办呢？方法很简单，改用代糖。其实，除了我们熟悉的蔗糖、果糖、麦芽糖等糖类，还有一些物质虽然不是糖类，但也有甜味。我们称其为甜味剂，或者代糖。

你也许听说过糖精。这是一种大名鼎鼎的代糖，也是世界上第一款人工合成的代糖。人工合成的代糖不仅甜度很高，热量还少到几乎可以忽略不计。以糖精为例，它的热量为0，甜度却高达蔗糖的300~500倍，非常惊人。

这种惊人的甜，最早是在化学实验室中无意被发现的。

19世纪，化学家法利德别尔格在做完一个有机合成实验后，据说忘记洗手就吃饭了。对化学研究者来说，做完实验不洗手是很不应该的，存在着中毒的风险，但这次法利德别尔格非常幸运，他不仅没有中毒，反而阴差阳错地发现了一种极甜的物质——邻苯甲酰磺酰亚胺，也就是今天我们所说的糖精。

法利德别尔格很有商业头脑，他马上认识到，这种极甜的物质潜藏着巨大的经济价值，于是他申请了专利，并开设了世界上第一家制造糖精的工厂。糖精生产成本并不高，而且在加工食品时，只需要极少的用量，就可以达到甜度要求，因此，用糖精制作出来的食品利润空间大，很有价格优势，在很长一段时间里，都广泛运用于食品工业。

不过，糖精有个致命的弱点，就是对吃惯了蔗糖和果糖等天然糖的人们来说，它的甜味有点不太“纯正”。品尝用糖精制作的食品，会感觉在甜味过后，有轻微的苦味残留，这个缺点在糖精浓度高时尤为明显。

无巧不成书，在1937年，另一种味道同样不太“纯正”的代糖诞生了。它是环己基氨基磺酸钠，俗称甜蜜素，是伊利诺伊大学的研究生迈克尔·斯维达在实验室里合成的。同为代糖，甜蜜素的甜度并不具有明显优势，只有蔗糖的30~50倍。

但神奇的是，当甜蜜素和糖精按一定比例混合使用的时候，人们发现，糖精的苦味竟然被很好地掩盖了，而混合后新产生的这种甜味，居然还很接近蔗糖。

其实，人的味蕾十分敏感，能识别出不同甜味之间的细微差别。对我们而言，最为熟悉和喜爱的就是蔗糖的甜味，对这种甜味，味蕾的接受度最高，不会产生异样的感觉。

但几乎所有代糖都无法准确地复刻这种甜味，因此，在现代食品加工时，为了尽可能“模仿”蔗糖的甜味，往往要使用“复配甜味剂”。什么是“复配甜味剂”呢，就是不用单一甜味剂，而是像混合糖精和甜蜜素一样，把几种不同的代糖按比例配合使用，使它们相互助攻，掩盖彼此的不足，从而达到接近蔗糖的甜味效果。

除了将已有代糖混合复配使用外，新合成的人工代糖，也在不断问世。

1967年，安赛蜜出现了。它的甜度约为蔗糖的200倍，且没有不愉快的后味。安赛蜜耐热，可用于热加工食品，也耐酸，可以添加在各种饮料中，由于安赛蜜的稳定性好，很快也被推广开来。

1976 年，超甜蔗糖被合成出来。它是以蔗糖为原料生产的代糖，学名叫三氯蔗糖。超甜蔗糖的味质相对纯正，甜度也很出色，大约是蔗糖的 600 倍。可能是因为“出身”与蔗糖有关，口味也接近蔗糖，因此，三氯蔗糖很受欢迎，是目前使用最广泛的代糖之一，在很多食品的配料表上都可以看见它。

除了人工合成的代糖外，近年来，一些天然代糖也开始逐渐走进人们的视野。

比如口香糖里常用的木糖醇和山梨糖醇。这二者都是天然代糖，它们的甜度虽然不如蔗糖，也会产生少量的热量，但性质稳定，不会像其他糖类那样在口腔里转化为酸，因此也不会引起龋齿，很适合用于口香糖。而且木糖醇和山梨糖醇的甜味都带着一种独特的清凉感，特别适合用来做口香糖或是含片。

赤藓糖醇也是一种在自然界中广泛存在的天然代糖，蘑菇、甜瓜、葡萄和梨中都有它的身影。赤藓糖醇的甜味温和爽口，热量值也低到可以忽略不计，适合用于新型零热量、低热量饮料的研制。不过，和木糖醇及山梨糖醇一样，赤藓糖醇的甜度也不高，只有蔗糖的 60%～70%，很多无糖饮料为了呈现比较甜的口感，往往会将其与三氯蔗糖等高甜度的代糖复配使用。

天然代糖的甜度都这么不理想吗？倒也不是。甜菊糖就是高甜度的天然代糖，它从原产于南美洲的甜叶菊中提取出来，其甜度是蔗糖的 200～300 倍。虽然甜菊糖的后味还带有一些苦涩，但比起其他天然代糖，它的甜度非常有优势，近年的市场占有率也在逐步提高。

很多人可能会觉得，人工代糖肯定不如天然代糖健康，其实还真不一定。因为这些代糖都是比较“年轻”的食品添加剂，尚未充分地经过时间的考验。天然代糖的生产、销售和使用历史比人工代糖更短，相应的检测手段和毒理学研究也不十分完善。因此，孰优孰劣，还不好下定论。

当然，最健康的糖，还是蔗糖、葡萄糖、果糖和麦芽糖等天然糖类，如果不希望引起蛀牙或者发胖等健康问题，那尽量遵循“适量”原则。至于代糖，更要“适量”，避免对人体健康带来不良影响。

近年来，主打低热量的各种“无糖”或“低糖”饮料在市场很受欢迎，特别是年轻人，逐步成为这类饮料的消费主力。

练了一段时间“化学力”的你，想必应该知道，要了解这些饮料的本质，不是直接看饮料的名称，而要看成分表里各种物质的化学名称。很多商家号称的“无糖”，其实只是“无蔗糖”或者“无果糖”，他们为了保证饮料的甜味，做不到“无代糖”。而不管是人工代糖还是天然代糖，其安全性都还有待进一步研究，不建议长期大量摄入。

今天的“化学力”等级提升，安排在你家附近便利店或者超市的饮料区，请你认真阅读饮料们的成分表，看看能否找到既不添加糖类，也不添加代糖的真正的“无糖饮料”。

未成年人
须在成年人
陪同下操作哦！

PART B

在家里料理食品的窍门

大多数时候，我们的一日三餐，都是在厨房里做出来的。厨房往往是每个家庭里物品最多的地方，这里不仅有各种大小电器，还有锅碗瓢盆、油盐酱醋和各种食材等。

料理食物的过程，其实就是我们运用工具对食材进行加工处理的过程。只有真正了解厨房里的各种物品，才能恰到好处地运用它们，帮助我们做出健康又美味的食物。

自家做的饭菜一定更健康吗

1

随着生活节奏加快，越来越多的人开始选择将做饭这件事“外包”，他们家里的厨房很少开火，而是经常去外面的餐厅吃饭，或者叫外卖到家，以节省在家务上耗费的时间。

也有很多人依然坚持自己做饭。他们认为，自家做的饭菜不管是原料的选择，还是加工的方式，都比外面的餐馆更好，吃起来也更健康。

自家做的饭菜一定更好吗？我们不妨一起来想象一个场景。

假设你回到家，开始准备晚餐，你打算做两道热菜，分别是木耳炒鸡蛋和肉末四季豆，天气比较热，你还想再做一道凉菜——皮蛋拌豆腐。你先将四季豆浸泡在水里，然后取出猪肉，开始在砧板上剁肉糜，剁好后，你将砧板仔细冲洗干净，然后切皮蛋和豆腐，切好后摆盘，浇上酱汁，第一道菜做好了。这时候四季豆浸泡得差不多了，于是你简单冲洗了下，开始上锅炒第二道菜，你担心肉末炒太久会变老，于是大火快速翻炒了几下，肉末四季豆也出锅了。最后你取出早上就已经开始泡发的黑木耳，打好鸡蛋，开始炒最后一道菜。你觉得今天的晚餐一定很好吃，因为你用了乡下亲戚送来的自榨花生油，这油真是不一样，闻起来就特别香。

这个场景感觉如何？其实，这顿晚餐存在着不少食品安全方面的问题。具体是什么呢？等你看完这一章节的内容就明白了。

1.1 你真的会洗菜吗

看到这个标题，你可能会不以为然，洗菜这么简单的事，还有人不会吗？

可别小看洗菜这件事，如果你认真去了解，就会发现大家洗菜的方式可谓是五花八门。有些人先洗菜再切菜，而有些人却先切再洗；有些人要把菜在水里泡上一段时间再洗，另一些人，则喜欢用大量的水冲洗；有些人为了加大清洁力度，会使用果蔬清洁剂，而有些人会在水里加盐、小苏打甚至白醋，还有一些人信奉土方，喜欢用淘米水。

这些方法到底哪种更好呢？不同的洗菜方式有没有实质性差别，又会带来怎样不同的效果呢？我们知道，每种食品添加剂都有相应的国家标准，那像洗菜这种家务事，有没有什么标准的规范操作呢？

美国食品药品监督管理局（FDA）在官网上列出了安全处理蔬菜水果的建议事项，其中关于果蔬的清洁部分如下：

（1）处理新鲜果蔬前，用肥皂和温水洗双手至少 20 秒；

（2）切去和扔掉新鲜果蔬的任何损坏或碰伤区域；

（3）用流动的水彻底清洗水果和蔬菜，不建议用肥皂、洗洁剂和其他商业洗涤产品；

（4）对带皮果蔬，要整体清洗干净后，再剥皮，以免表皮细菌或污物污染可食用部分；

（5）清洗后，用干净的毛巾或纸巾弄干果蔬表面，以尽量减少可能还存在的表面细菌。

你别说，这五条果蔬清洁建议还挺细致，我们来逐一分析，看看有没有道理。

第一条建议简单地说，就是洗菜之前要先洗手。这可能是很多人都没有的习惯，大家常常会这么觉得，还没清洗的菜本身也是脏的，有什么必要先洗手呢？

举个例子你就明白了。如果你刚做完陶艺，满手泥巴，你会不会直接就用沾满泥巴的双手去洗菜呢？我想你多半不会这么做。因为这样一来，手上的泥巴肯定会沾染到菜上，把菜弄得更脏，给洗菜增加麻烦。

当然，绝大部分时候，你的手并不会沾满泥巴，看起来往往挺“干净”。可是，看上去“干净”的手事实上真的那么干净吗？我们的双手，作为日常与外界接触最多的身体部位，很容易接触到各种各样的细菌或病毒，而沾了这些微生物的手，和沾了泥巴的手，虽然用肉眼看起来相差很多，但对于即将被手接触到的水果或蔬菜来说，并没有太大的不同。用这样的手直接接触水果或蔬菜，容易带来额外的“看不见的污染”。因此，在清洗果蔬前，确保双手的清洁是很有必要的。勤洗手，真的是最简单但因此反而容易被忽略的一个卫生好习惯。

再来看第二条建议，“切去和扔掉新鲜果蔬的任何损坏或碰伤区域”。与完整的蔬菜水果相比，有破损伤口的部位更容易被微生物入侵，同时，伤口处溢出的汁液也为微生物提供营养物质，从而加快它们的繁殖速度，所以，只要果蔬出现破损，就应该及时丢弃破损部分。

值得提醒的是，如果是因为腐烂而损坏的水果，处理起来要格外慎重。因为水果的腐烂往往伴随着霉变，而霉菌产生的毒素，比如黄曲霉毒素等，还会随着水果内部的水分扩散到其他未腐烂的部位，也就是说，剩余的部分看似完好，其实也已经被扩散的毒素污染了。水分越充足的水果，这种污染扩散往往越严重。相对蔬菜来说，水果通常价格更高，如果一个水果局部腐烂了，很多人出于避免浪费的想法，会选择将烂掉的部位切除，然后把剩余完好的部分吃掉，其实这种处理方法，是不安全的。

对开始腐烂的水果，不管有多心疼，建议还是整个丢掉比较好。否则，就不仅是浪费水果，而是损害我们的身体健康了。

继续看第三条建议，这条建议告诉我们，最好的果蔬清洁办法，是用干净的流水冲洗。如果用水浸泡，可能会存在果蔬表面污染物扩散的问题，因此用流动的水将污染物及时冲刷掉，是更好的办法。之所以不提倡使用果蔬清洁剂，是因为任何一款清洁剂，都不可避免地会带来残留的问题。更何况，果蔬清洁剂对不同种类的病菌和农药是否都能起到好的清除效果，还得打个问号呢。

用盐水、小苏打和白醋，虽然不用担心残留问题，但对病菌和农药的清除基本上也就是个心理作用了。至于淘米水，其清洗效果也没有得到验证。

那么，既不用清洁剂，也不用盐水、小苏打、白醋和淘米水，只是用水，能冲得干净吗？如果想清洁得更彻底些，该怎么办呢？

答案很简单，多冲几遍。

因为用流水冲洗，的确是目前看来最好的果蔬清洁法。包括丝瓜这种要削皮的蔬菜，或者橘子这种要剥皮的水果，也建议大家用水冲洗后再吃。如果不清洗表皮，那么在削皮或者剥皮的过程中，果蔬表面的细菌等微生物就会沾染到手上，进而污染内部可食用的部分。

建议的最后一条，可以说是非常讲究了。“用干净的毛巾或纸巾弄干果蔬表面”，相对干燥的环境，不利于微生物繁殖，而且，在用干净毛巾或纸巾弄干果蔬表面时，不仅水分被吸收掉，同时水中的微生物也随之附着在毛巾或纸巾上，而一并被除去。这和洗衣机的脱水原理差不多，我们知道，洗衣机清洁程序的最后一步是脱水，为了方便衣物更快晾干。其实，洗衣的中间环节也会有若干次脱水，这是为什么呢？就是为了在甩干水分时，把脏物及洗涤剂一起随水除去，以加强清洁效果。

好了，按照上面的建议洗好后，果蔬的表面很干净，你可以开始切了。对大部分蔬菜来说，先洗干净再切，避免病菌等微生物从切开的破损处入侵而污染内部，是更为合理的。当然，有些形状比较特殊的菜，比如花菜，其内部很难真正被洗到，那就只能先摘成一小朵一小朵，再进行彻底清洗。

关于洗菜的建议聊完了，这些建议简单、合理且有效。让我们一起，把洗菜这件小事做得更好吧！

“化学力”等级提升（18）

很多化学工作者，都有用微观视角去看事物的习惯，因而比平常人更容易关注一些肉眼不可见的细节。美国食品药品监督管理局（FDA）对于清洁果蔬的这五条建议，就体现了建议者所具备的微观视角。

请你也带着这样的微观视角，从清洁自己的双手的第一步开始，按照文章中的建议，规范、认真地清洗一份蔬菜或者水果吧。

未成年人须在成年人陪同下操作哦！

1.2 为什么要多买一块砧板

很多人的家里，会专门准备一块砧板用来切水果或者熟食，不将这些入口即食的东西放在普通砧板上料理。可能在只用一块砧板的人眼里，这些人有点过于讲究了，事实上，给水果和熟食准备专用砧板，是非常有必要的。

切生肉的砧板（左）和切水果的砧板（右）

为什么要多准备一块专用砧板？其实这个问题的本质，不在于砧板的数量，而在于你家的厨房是不是真正做到了“生熟分开”。除了砧板外，刀具、盛装生熟食的碗、盘或盆，以及清洗它们所用的抹布等，也统统都要分开准备。

因为生的食物很可能带有致病的细菌和病毒。对动物和原始人来说，不需要考虑生熟分开的问题，因为他们的消化系统可以适应生肉，大部分的细菌和病毒对他们来说不容易构成威胁。但现代人类可就不一样了，在漫长的进化过程中，人体的消化系统随着饮食结构的变化也在不断地调整，我们已经不像我们的祖先那样，能茹毛饮血了，越来越精细化的烹饪使得我们的身体也变得越来越“娇贵”，对很多细菌和病毒的抵抗力都大不如前。现代人类如果也像动物一样吃生的食物，轻则肠胃失调，重则可能感染疾病，一命呜呼。

我们平时在市场买到的生肉或海鲜，在屠宰、运输和储存的一系列过程中可能会沾染上病菌。如果正确料理，生肉也并非不可食用。中国古代就有吃生鱼片的传统，成语“脍炙人口”的“脍”，就是指将鱼或肉切成细丝或薄片，直接生吃。唐代诗人杜甫写了一首《观打鱼歌》，专门描述了一场现捕、现杀、现片、现吃的生鱼宴，“饔子左右挥双刀，脍飞金盘白雪高”。用新鲜的鱼做成的生鱼片，确实是不可多得的美味。

不仅是鱼，在某些地区，对猪、牛、羊肉等，也有选取最好部位的食材进行现切生吃的传统做法。不过，这种追求极致新鲜的吃法，虽然处理得当，并不容易沾染上细菌或病毒，却隐藏着另一种风险——寄生虫。

例如生吃蛇胆。自古以来，蛇胆就是一种比较名贵的中药材，在民间一直备受推崇。将抓到的蛇生剖取胆现吃，这一在民间传统里被认为是“大补”的做法，就存在着极大的感染寄生虫的风险。寄生虫能在人体内存活相当长的时间，广东曾经报道过一起病例，在患者脑中取出一条长达 11cm 的裂头蚴寄生虫，起因就是 20 多年前患者曾生吃过蛇胆。

在云南贵州一带，有些少数民族的村落，至今依然保留着食用生肉的习俗。每逢有村民家中屠宰猪、牛、羊，他们总会挑选出最嫩的部位，鲜切后拌上佐料，直接生吃。当地人非常钟爱这种美味，他们认为，比起来历不明的野生动物，自家养的牲畜是健康安全的。事实上，即使是家养的牲畜，同样有感染寄生虫的风险，在这些村落中，因食用生肉而导致人体感染寄生虫的事件也时有发生。

生鱼片

那些可以生食的肉类或海鲜，如三文鱼等，一定要经过非常严格的检疫，才允许在市场上售卖。不过，有些餐厅为了降低成本，不惜违规售卖未经检疫或是检疫不合格的生鱼片等，所以，如果发现一些售价特别便宜的生鱼片，要提高警惕。

当然，为了健康考虑，最好还是养成不吃生食的习惯。哪怕是最简单的烹饪技术，比如炖或者煮，只要能长时间对食物进行加热，就能杀灭绝大部分病菌或寄生虫。不一味地追求“鲜”“嫩”的口感，尽量把食物彻底弄熟再吃，才最安全。

那么，将料理过生食的砧板等用具清洗干净，再用来料理熟食，可不可以呢？即便这样，还是不太安全，因为那些肉眼不可见的微生物，实在是太小了，它们会藏匿在任何一个同样肉眼不可见的凹处或缝隙里，用清洗的办法常常无法彻底除去。尤其是富含蛋白质的肉类与海鲜，对于细菌来说，蛋白质是非常好的营养物质，所以接触过肉类和海鲜的器具，往往也是细菌大量繁殖的重灾区。

所以，生肉或海鲜接触到的各种器具，包括砧板、刀具、碗盘，以及用来清洁这些器具的抹布等，最好都要专用。在每次用完后，还要将它们及时清洗干净并晾干，以抑制细菌等微生物的繁殖。有条件的话，最好定期消毒。

确保生熟分开，才能吃得安心哦。

“化学力”等级提升（19）

在餐饮店或者食堂的安全规章制度里，“生熟分开”是必须遵守的一条基本原则。

请你继续带着微观视角，对自己家厨房里的用具进行重新审视，检查生熟食的存放、清洗、切配的全过程，看是否做到了“生熟分开”。

如果做到了，请为家里厨房的主要负责人点赞，说明他 / 她非常有食品安全意识。如果没做到，那请你展现你的实力，进行整改吧。

未成年人须在成年人陪同下操作哦！

1.3 香喷喷的自榨油

在有些人心里，有一条食品鄙视链。他们认为，绿色食品比普通食品好，有机食品比绿色食品好，那比有机食品更好的，又是什么呢？就是自制食品了。

农村很多家庭都有自制一些食品的习惯。比如有些家庭长期不购买食用油，他们直接将自家种植的花生送到村里的油坊，用机器统一榨油，直接食用。由于加工过程相对比较简单，这种农家自榨油保留了较多花生中的香味物质，因此闻起来特别香。

近年来，食品安全事件时有曝光，导致有些人对市售食用油的品质不放心，相比之下，农家自榨油“无添加、纯天然”，因而很受认可，也逐渐火了起来。

那么，农家自榨油一定比超市油更好吗？这很难直接下结论，需要具体情况具体分析。一般来说，对于农家自榨油，我们可以从以下三个方面来做判断。

第一是原料品质。用于榨油的花生必须经过严格挑选，品质过关。

从这点来看，自榨油相对比较有优势。很多人之所以青睐自制食品，最主要的原因就是原料容易把关，比如用于榨油的花生，是可以做到颗颗优选、品质保证的。

在原料拣选时，对发霉、长芽、变色或破损的花生，应该全部弃之不用。因为花生等农产品，如果保存不当，很容易产生一种危险的毒素——黄曲霉毒素。黄曲霉毒素极毒，其毒性超过眼镜蛇毒液，一粒严重发霉的、含有黄曲霉毒素 40 微克（即 4×10^{-5} 克）的玉米，即可令两只小鸭中毒死亡。更糟糕的是，黄曲霉毒素的性质很稳定，如果花生油中含有黄曲霉毒素，用普通的烹饪方法，比如煎、炒、炸，都无法除掉。

这么可怕的黄曲霉毒素，是如何产生的呢？你也许能从名称上猜到，黄曲霉毒素来源于霉菌。其实对粮食来说，保持干燥是非常重要的。遇上潮湿的天气，粮食如果没有保存好，就容易发霉，进而产生黄曲霉毒素。1974 年，印度曾经出现过非常严重的黄曲霉毒素中毒事件，死亡人数多达 106 人，起因就是连日多雨，导致农民们的主要粮食——玉米发霉了，而当地人不知道黄曲霉毒素的危害性，不少人吃了沾染上黄曲霉毒素的玉米，导致中毒。

霉变的玉米（左）和花生（右）

所以，在榨油时，挑选了品质良好的花生后，还要趁着新鲜，尽快压榨。如果原料存放不当，比如将花生长时间放在较为潮湿的环境里，就有可能产生黄曲霉毒素。

像黄曲霉毒素这么厉害的毒素，各国都非常重视，并针对它制定了严格的限量标准。在中国，规定市售花生油中的黄曲霉毒素不能超过 20μg/kg，大豆油则不能超过 10μg/kg。不过，这些标准对现代制油工业来说并不困难，工业榨油的技术已经非常成熟，粗榨后有一系列的精炼步骤，其中有一步叫作“碱炼”，就是专门用来对付黄曲霉毒素的，在碱性条件下，黄曲霉毒素发生化学反应，结构被破坏而被除去。

所以，即使超市油所用的原料品质没有那么高，但由于经过精炼工艺，在黄曲霉毒素方面的风险大大降低，可以忽略不计，而农家自榨油就不一定了。

再说第二点，加工条件。这其实是农家自榨油最容易出问题的环节。如果是家用榨油机，定期做好机器的清洁、保养和维护，还是相对安全的。但很多人往往不会在自己家里专门购置榨油机，而是送到作坊里，统一榨油。

农村小作坊一般设备简单、技术有限，再加上市场监管的相对缺失，使得他们在制油过程中，对于如何保持设备洁净以及如何防止微生物污染，都很难有严格有效的措施。在一些卫生条件比较差的作坊里，往往机器进料口和出油口都残留着很多油渣，这些残渣如果不及时清理，就很有可能发霉，进而产生黄曲霉毒素等有毒物质。

所以，如果想自己榨油，不仅要精心拣选原料，还要格外关注榨油机器的卫生状况，只有保养得当、清洁干净的榨油机，做出来的自榨油才可以放心食用。

还要注意第三点，榨出品质良好的油后，该如何存放。

很多人喜欢用超市油用完后的空塑料瓶来保存自榨油。他们想当然地认为，这个塑料瓶原本就是用来装油的，用来装自榨油自然很合适。但事实上，塑料分为很多种，盛装超市油的塑料瓶大多是一种叫作 PET（聚对苯二甲酸乙二醇酯）的塑料，这种塑料如果长期重复使用，很可能会释放出有害物质，比如，按国家规定，桶装矿泉水不允许用 PET 塑料。因此，装超市油的塑料瓶也是有一定“寿命”的，最好用完即弃，不要重复使用。

那应该用什么样的瓶子呢?

最好的容器是玻璃瓶。虽然玻璃易碎，也不如塑料轻便，但它的性质非常稳定，不仅耐酸耐碱耐高温，还可以重复使用。用玻璃瓶盛放高品质自榨油，吃起来才是真正的安心。

假设一瓶自榨油恰好以上三个条件都满足，那可以真正称得上是一瓶上好的自榨油了。如果你幸运地拥有这样一瓶好油，那么我还有一句忠告要送给你。

在说这句忠告之前，我要先告诉你，由于自榨油没有经过精炼工艺，所以，油中的杂质比较多，也更容易因为被空气氧化而变质，因此它的保质期要短得多。

聪明的你也许已经猜到了，这句忠告就是“及早享用”!

若将两种密度不同且互不相溶的液体混合，液体会分层，密度小的液体在上层，密度大的液体在下层。

油的密度比水小，且不溶于水，如果把油滴入水中，我们会看到水的表面漂浮着油花。利用油脂的这个性质，我们可以做个简单的小实验，来检验花生中含有的油脂。

只需在干净的容器里放入几颗花生，用干净的勺子用力挤压花生，使其被碾压至破碎，再倒入少许清水并观察即可。

未成年人须在成年人陪同下操作哦!

1.4 不够熟的四季豆和泡太久的黑木耳

四季豆和黑木耳都是餐桌上很常见的菜肴，它们味道可口，营养丰富，因此很受欢迎。但与别的食材不同，这二者都有需要遵守的料理原则，如果不小心忽视，可能会引起食物中毒。

是什么样的料理原则呢？其实也很简单，就是四季豆的烹饪时间要足够长，而黑木耳的泡发时间却不能太长。

这都是为什么呢？

我们先说四季豆。四季豆属于不可生吃的蔬菜，这和黄瓜、生菜、胡萝卜等能做沙拉的蔬菜有本质上的区别。“某食堂因未煮熟的四季豆而出现集体中毒”的新闻事件你可能听说过，但你一定从未听说过“某食堂因未煮熟的黄瓜而出现集体中毒”吧。这是因为生的四季豆中含有一些特别的毒素，主要是皂苷、植物凝集素和胰蛋白酶抑制剂。这些毒素会刺激肠胃，引起恶心、呕吐、腹胀、头晕等中毒症状。但在加热一段时间后，这些毒素的结构就会被破坏掉，毒性也因此

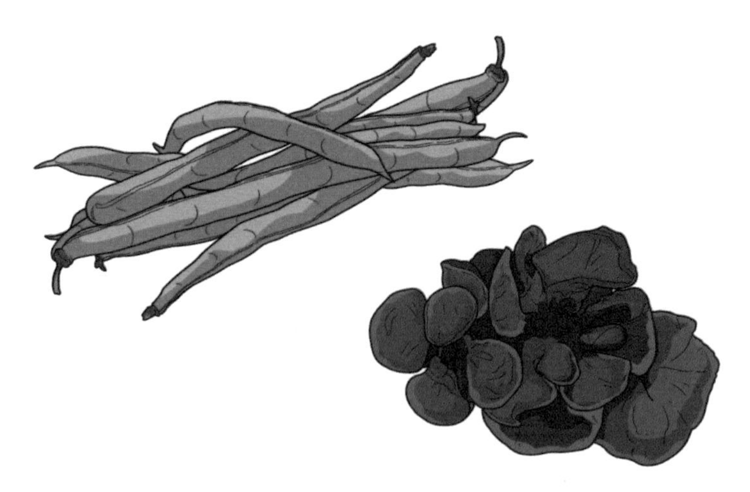

四季豆（左）和黑木耳（右）

消失。所以，烹饪四季豆必须充分地加热，才可以安全食用。如果煮熟了，就是美味的四季豆；如果没煮熟，那可就是“毒豆”了。

这也不难理解，为什么四季豆中毒事件常常发生在食堂。因为食堂烹饪的菜量很大，翻炒起来往往比较困难，容易出现四季豆受热不均匀的情况，没有被充分加热的四季豆有残留毒素，导致吃的人食物中毒。

其实，不只四季豆，很多豆类植物中都含有类似的天然毒素。

就拿我们最为熟悉的黄豆来说，黄豆中含有丰富的大豆蛋白，将黄豆加水研磨，可以制得深受人们喜爱的传统饮品——豆浆。不过，如果饮用未煮熟的豆浆，也会导致食物中毒。因为生的黄豆和四季豆一样含有皂苷等毒素，也必须彻底煮熟，才可食用。如果磨成豆浆，则要彻底煮沸。

黄豆的颗粒相对比较小，在煮的时候一般不会出现未煮熟的现象。但煮豆浆就不是这样了，因为豆浆具有欺骗性，在煮熟时经常有“假沸”现象。

什么是“假沸”呢？这还得归功于豆浆里的头号毒素——皂苷。皂苷的化学结构比较特殊，它能破坏水的表面张力，如果将皂苷溶液稍微振荡或者加热，就很容易在水中产生像肥皂似的泡沫，这也是它得名“皂苷”的原因。豆浆中由于含有皂苷，在加热到 80℃左右，就会产生大量泡沫，看起来像是沸腾了一样，我们称为“假沸”。很多人看到豆浆中出现大量泡沫，以为豆浆已经沸腾，事实上，这只是皂苷在捣鬼。一般来说，豆浆在产生大量泡沫后，还要再加热 10 分钟左右，才能彻底煮熟，达到安全饮用的标准。

所以，不管是四季豆还是豆浆，都要遵循彻底煮熟的原则。对豆类中的毒素，只要把握好这个简单的原则，就不用担心食品安全问题了。

我们再继续讨论黑木耳。为什么黑木耳不能泡太久呢？因为，泡太久的黑木耳容易产生毒素。那么，我们能不能用处理豆类中毒素的办法，通过彻底煮熟的方式除去黑木耳的毒性呢？

答案是，不能。因为黑木耳在泡发过程中产生的毒素，结构非常稳定，不管加热得多彻底，都不能破坏它的稳定性。

究竟什么毒素这么厉害？原来，这种毒素叫米酵菌酸，是由一种名为“椰毒假单胞菌”的细菌产生的。椰毒假单胞菌本身和普通细菌一样，很容易被高温杀死，但它所产生的毒素——米酵菌酸却相当稳定，用普通的烹饪方法根本无法破坏其结构。更糟糕的是，按目前的医疗技术，我们没有针对米酵菌酸的特效解毒药物。因此，如果大量食用含有米酵菌酸的黑木耳，往往会造成比较严重的后果，甚至导致死亡。

你可能会说，既然黑木耳泡太久有毒，我们是不是应该吃新鲜的呢？也不行。假如你稍加留心，会发现市场上售卖的黑木耳或白木耳，基本都是干货。因为新鲜的木耳也同样有毒性，经过晒制后，毒性物质分解，才可食用。

怎么回事，为什么黑木耳泡太久的不能吃，新鲜的也不能吃，它到底是食物还是毒物呢？

事实上，黑木耳中蛋白质、维生素和铁的含量很高，还富含多种氨基酸，是很好的保健食品。黑木耳中毒也只是偶发事件，只要我们在处理黑木耳时，稍加注意，是完全可以放心食用的。

应该注意什么呢？我们先来弄明白一个问题。那就是，为什么泡发前的黑木耳没有毒，泡发后的黑木耳也没有毒，而泡太久的黑木耳却有毒呢？

因为产生米酵菌酸这种毒素的“椰毒假单胞菌”，虽然在自然界中广泛存在，但并不太容易生长繁殖。椰毒假单胞菌对环境的温度和湿度的要求都比较苛刻，对它来说，水分不够，或者温度太低，都不行。比如在干燥的物体表面，或是4~5℃的冰箱冷藏室里，椰毒假单胞菌都无法繁殖。

现在你知道了，黑木耳中毒事件为什么通常发生在夏天吃发酵类米面食品的时候呢？就是因为夏天的气温和米面食品发酵时需要长时间用水浸泡的环境，非常适合椰毒假单胞菌的繁殖。

了解原因后，我们在泡发木耳时，其实很容易规避这种风险。比如泡发用的容器和木耳都要预先洗干净，以减少细菌沾染的概率，或者注意控制泡发时间。当然，最简单的处理办法就是，直接将黑木耳放在冷藏室里泡发。

你看，如果真正了解食物中毒的机理，不管是四季豆，还是黑木耳，都是非常安全的食材，根本没什么可担心的呢。

“化学力”等级提升（21）

在标准大气压下，水的沸点是100℃。这意味着，当我们烧开水时，温度上升到100℃时，水就会沸腾。沸腾是一种剧烈的汽化现象，水中出现大量的气泡，它们上升、变大，到水面时破裂，同时，气泡里的水蒸气散发到空气中，于是我们会看到水剧烈翻滚，水面上方出现大量水蒸气。

在沸腾的全过程，水温保持不变。也就是说，如果我们看到水处在沸腾状态，那么不用测量，温度就是100℃。不过，如果是像豆浆那样的“假沸”，温度就没有这么高，在80℃或90℃左右即可发生。

未成年人须在成年人陪同下操作哦！

你可以尝试一次煮豆浆，体会一下“假沸”的过程。如果家里没豆浆，那么在清水中加入1～2滴的洗洁精，也可以起到类似的效果。

同种食材的不同吃法

2

空闲的时候，我很喜欢做饭。于我而言，烹饪就像是在厨房做一场化学物质的制备实验，不仅要有规范的实验操作，还要有精准的条件控制，才能做出美味的食物。

这场烹饪“实验”最有趣的地方在于，用同一种食材，竟然可以做出千差万别的食物。

例如我们全家都很喜爱的土豆。土豆富含淀粉，把洗净的土豆带皮直接整个蒸熟，就是很好的主食，但如果加些调味料煎、炒、煮、炸一番，又可以做成一道道美味的菜肴。

简单的炒土豆片或者红烧土豆，就能让人吃得津津有味。如果用土豆来炖牛腩，那么在锅里煮上一段时间后，吸饱了牛肉汤汁的土豆，吃起来软糯鲜香，简直比牛肉还要美味。青椒土豆丝又是完全不同的口感了，将切成细长丝的土豆在水中清洗若干次，彻底除去表面滑腻的淀粉，再下锅快炒，加点醋，吃起来清脆爽口，别有一番滋味。

在众多土豆做法中，油炸薯条是小迪的最爱，他经常一边吃一边感叹，同样是土豆，为什么炸薯条就特别好吃呢？

其实，当我们用不同的烹饪方法处理同一种食材时，不仅吃起来口感不一样，营养成分也有区别呢。

2.1 千差万别的果汁

你喜欢吃水果吗?

新鲜蔬菜和水果，是维生素的最好来源。不得不说，维生素这个名称起得特别贴切，因为这类物质对维持人体生命活动发挥了非常重要的作用。绝大多数维生素都是人体无法合成的，只能通过日常饮食来摄取，因此蔬菜和水果是我们日常生活的必需品。

不过，在我们传统的饮食观念里，常常会觉得肉类才有营养。特别是近些年，大家的生活条件逐步提高，很多家庭的饮食结构都开始“重鱼肉、轻果蔬”。针对这个问题，国家卫生健康委员会提出了每天要吃“半斤水果一斤菜”的建议。“一斤菜”听起来很多，但因为蔬菜中含有大量的水分，在烹饪失水后，其实一斤蔬菜炒出来大约也就一盘。但水果就不一样了，“半斤水果”，都是扎扎实实吃到肚里的重量。

大家都知道吃水果对身体好，但不爱吃水果怎么办呢?很多人把目光转向了果汁。不过超市里大多数喝起来甜甜的所谓“果汁”，和真正的鲜榨果汁差了十万八千里。只要看这些果汁的配料表就知道，它们基本上都是加了糖和水果香精的饮料，果肉或果汁的含量很少，和鲜榨果汁相比，几乎可以忽略不计。与其叫它们果汁，不如称为果味饮料更合适。

为了和这些果味饮料们划清界限，相对纯正的果汁常常会把“100% 果汁”这几个字，印在包装上最为明显的地方。不过，如果我们认真地查看“100% 果汁”的配料表，就会发现一件奇怪的事，有的“100% 果汁”配料中含量最高的依然是水。

这是怎么回事?

原来，这些果汁是水和浓缩果汁混合而成的。按照国家规定，如果往浓缩果汁中加水，还原到原来的浓度，也可以称为“100% 果汁”。为什么要先浓缩再

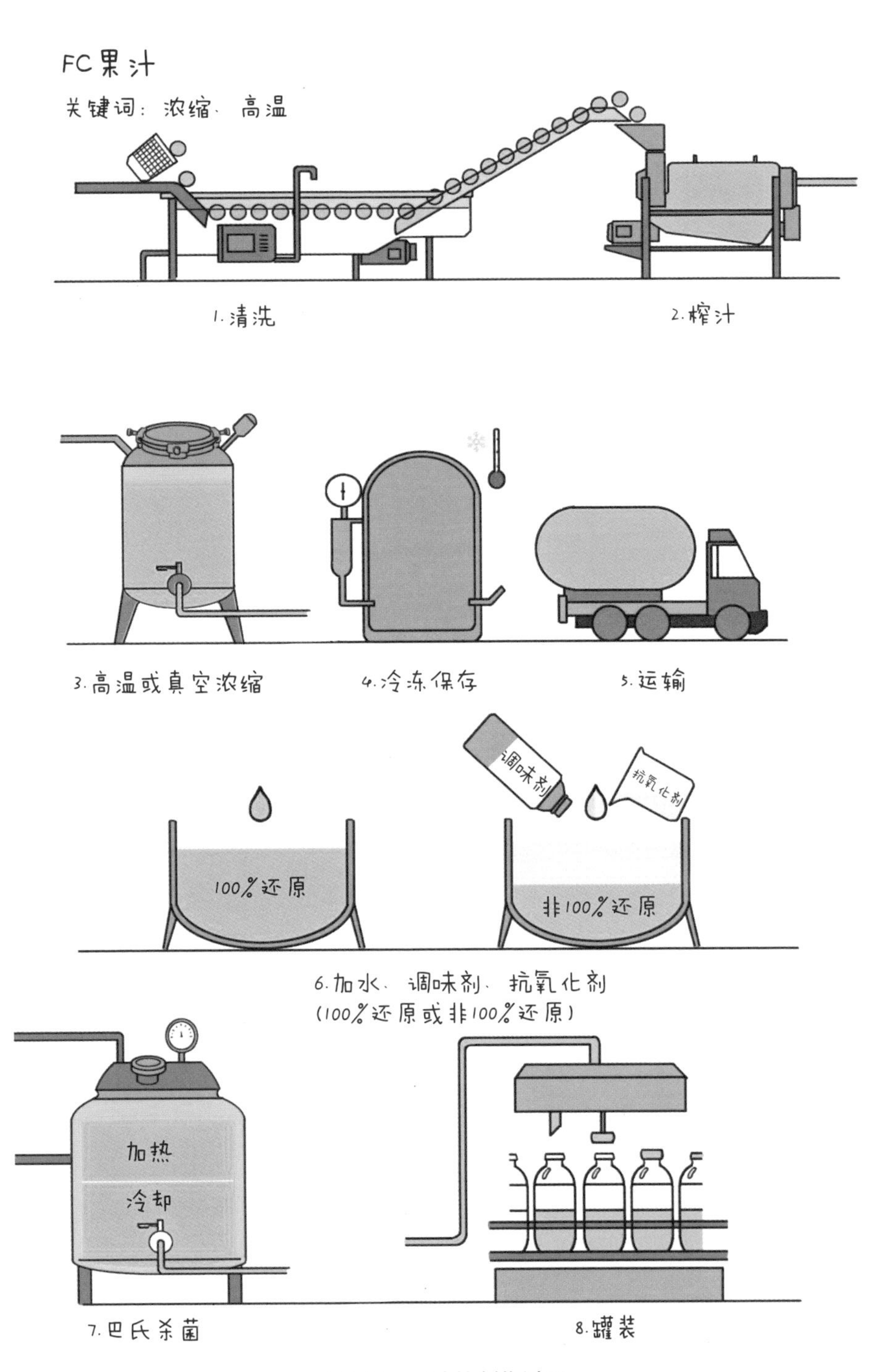

浓缩还原果汁的制作过程

稀释，而不是直接使用水果原汁呢？因为果汁经过浓缩后，体积大大减小，不仅运输和贮藏成本要低很多，而且使用更方便。当然，经过这么一趟浓缩再稀释的过程，果汁中的营养成分不可避免地要损失一些。

像这样的100%果汁，通常叫FC果汁，即from concentrate，就是由浓缩果汁制得的意思。中文上如果称它为“100%复原果汁”，更为贴切。

那么，有没有真正不掺水的纯果汁呢？有的，非浓缩复原果汁，就是不掺水的纯果汁。非浓缩复原果汁就是NFC果汁，即not from concentrate。它和鲜榨果汁的唯一区别，就在于它经过了一道杀菌程序。NFC果汁常采用巴氏消毒法杀菌，即在65℃左右加热一段时间，这样既能杀灭绝大部分细菌，又较好地保留了果汁的营养成分与香味物质。

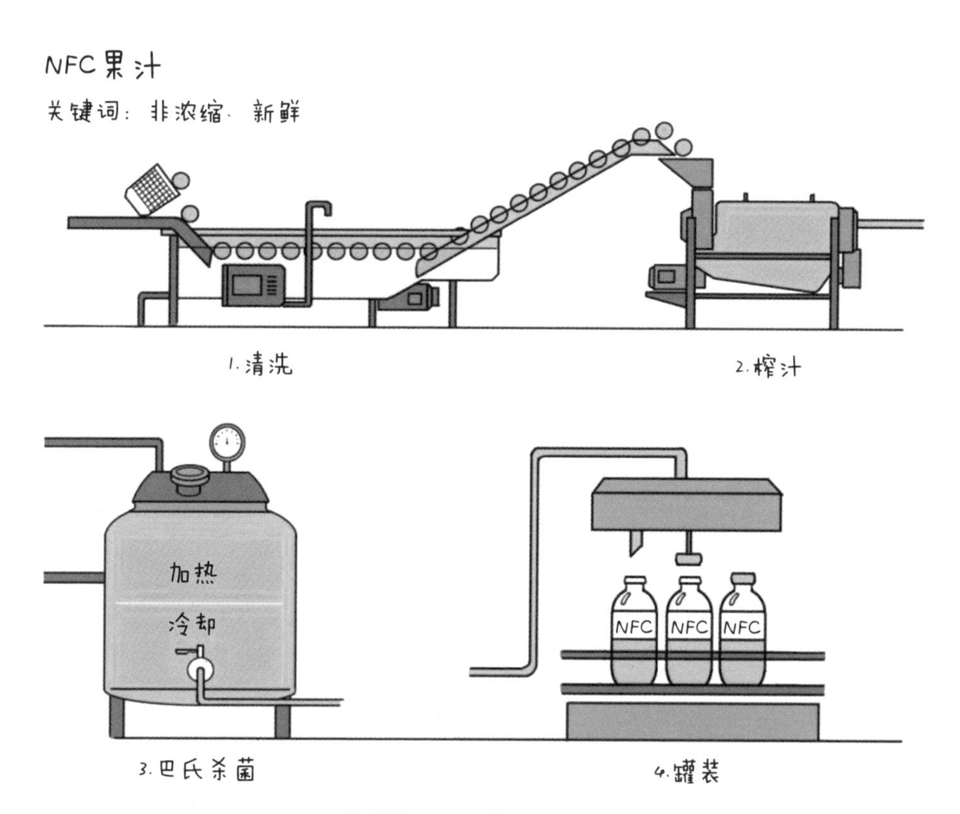

非浓缩还原果汁的制作过程

由于加工程序少、杀菌工艺相对温和，NFC 果汁在口感和营养上更接近鲜榨果汁，保质期也向鲜榨果汁靠拢了。一般来说，NFC 果汁的保质期只有半个月左右，而且需要冷藏。

当然，这也可以理解，通常鲜榨的果汁，保质期很短。因为在不添加防腐剂的情况下，想要延长果汁的保质期，就得更加彻底消灭果汁中的微生物，但与此同时，果汁中的维生素和酚类等营养物质也会不可避免地遭到破坏。

新鲜度和保质期对果汁来说，就好像鱼和熊掌一样，不可兼得。

无添加的鲜榨果汁，保质期最短，基本上只能现榨现喝。如果把鲜榨果汁在常温下放上几个小时，味道就变了。也正是由于这个特点，鲜榨果汁的销售非常受限，只有少数能提供现榨服务的店里才会出售。

这当然无法满足人们对于新鲜果汁的需求。各大果汁品牌商们也一直在努力研究新的果汁加工技术，近年，一种特别的 NFC 果汁出现了——冷压 NFC 果汁。它和普通 NFC 果汁的不同之处，在于它采用的不是加热方法，而是高压灭菌技术，通过对果汁施加高压或超高压，也就是 HPP（high pressure processing）或 UHP 技术（ultra-high pressure processing），将微生物“压”死。不仅如此，一瓶冷压 NFC 果汁的生产，从清洁水果到施压榨汁，都保持全程低温，以最大限度地避免氧化，充分保留果汁中的营养物质。这也是“冷压”一词的由来。

冷压NFC果汁，可以说是目前果汁界的天花板了，但它的缺点也非常明显，就是价格昂贵。多数品牌的冷压 NFC 果汁，价格高达二三十元一瓶。

那对我们大多数人来说，如果想喝新鲜果汁该怎么办？难道只能买榨汁机，在家里自力更生吗？哈哈，说到这儿，我想请你再回到文章的开头，重新思考一下那个问题，“你喜欢吃水果吗？”

其实，哪怕是你在家里亲自动手，不管用多贵的榨汁机，在压榨水果的过程中，都一定会对水果中的营养成分造成损失，而榨完汁后剩下的“果渣”，更富含着对人体非常有益的膳食纤维，虽然食之有些无味，但弃之特别可惜。

所以，与其纠结于该喝哪种果汁，不如简单点，拿起水果直接吃吧。

“化学力”等级提升（22）

相比其他水果，橙子的出汁率高，因而是果汁市场上的主力军。

超市里的橙汁往往不止一种，请你找到它们，从中选取出价格最高、最低和适中的 3 款，结合三者的配料表进行分析对比。

如果经济条件允许，可以将这 3 款橙汁买回家，在对比品尝后，总结出不同橙汁的特点，并向家人和朋友做推荐。

未成年人须在成年人陪同下操作哦！

2.2 一分钟吃掉一只鸭子

一分钟吃掉一只鸭子。这可能吗？从现实意义上来讲当然不可能，一分钟最多只够啃完一个鸭腿吧。但如果从精神观念上来讲，还是勉强可以的。

在浙江温州和福建部分农村地区，很多人都曾经“一分钟吃掉一只鸭子”。这到底是怎么回事呢？因为这些地区，有一种流传很久的独特的鸭子做法，即在不加水和任何调味品的情况下，通过小火慢熬，收集一整只鸭肉中的原汁，汇成一小碗汤，这碗汤不是普通的鸭肉汤，当地人把它称为“鸭露”，或者“鸭汁”。由于鸭露味道鲜美，相比之下，熬完鸭露后剩下的鸭肉显得又干又柴，嚼之无味，因此当地人认为，鸭露是鸭之精华，喝完这碗鸭露，就相当于吃了一整只鸭子。

一直以来，在中华传统饮食文化中，确实有着喝汤养生的观念。有句老话说，“宁可食无肉，不可饭无汤”，足见老百姓对汤的喜爱。不只在中国，西方以精致美味而闻名的法式大餐，在其主菜和副菜之前，也会有先上一道餐前汤的惯例。

在正式进食前喝下少量的汤，可以对咽喉、食管和胃这一整条“食物通道”进行润滑，以便顺利地咽下食物，防止消化道黏膜受到刺激。同时，一碗热乎又香浓的汤，不仅能帮助提高食欲，还能快速温暖肠胃，补充能量。

广东地区常常说“老火靓汤”，煲的时间越久的汤，往往越好喝。因为在煲汤时，肉类会发生一系列复杂的化学反应，肉中的蛋白质逐渐水解成小分子肽类和氨基酸。煲汤时间越长，汤中可溶性的蛋白质、小分子肽类和氨基酸等营养物质越多，汤汁也越醇厚。同时，不少小分子肽类和氨基酸都是我们俗称的“鲜味物质”，它们能和舌头上的味觉受体结合，让人感觉到鲜味，所以汤煲得越久，味道往往越鲜美。

鸭露之所以尝起来特别鲜，是由于烹饪的过程中不加水，汤中小分子肽类和氨基酸的浓度特别高，鲜味尤其明显。

不过，从现代营养学的角度来看，鲜味物质并不等于营养物质，所以，鸭露是“鸭之精华”的观念其实是错误的，我们最多只能说鸭露是鸭的“鲜味之精华”。

那什么才是“鸭之精华”呢？其实，肉类的主要营养成分是蛋白质，因此，鸭之精华其实就是含蛋白质的鸭肉。不过，蛋白质本身是没有什么鲜味的。以健身爱好者们特别喜欢的营养剂——蛋白粉为例，吃过蛋白粉的人就知道，基本上就是“食之无味”的感觉。还有减肥食谱中常出现的鸡胸肉，它的蛋白质含量高，脂肪含量低，也是健身爱好者们很喜欢的食材。不过，鸡胸肉的味道比起鸡腿、鸡翅等其他部位来说，要差得多。

在煲汤时，不管是大火乱炖还是小火慢熬，都只能让蛋白质发生小范围内的水解，很难彻底地溶在汤里。我国科学家以乌鸡、排骨、老母鸡、猪蹄等为原料煲汤进行实验，并对汤汁中的总蛋白质含量等进行了分析，结果显示，煲汤仅能溶出 7.80%～22.98% 的蛋白质。

所以千万别小看蒸完鸭露后剩下的那些鸭肉，它虽然没有那么美味，但其中的蛋白质含量还是秒杀鸭露的。如果只喝鸭露，而将鸭肉弃之不食，从营养摄取的角度来看，真是舍本逐末了。

不仅鸭露如此，其他的汤类也是一样。特别是对于猪牛羊和各种禽类鱼类，将它们用于煲汤确实是不错的烹饪方法，但煲好后，除了喝汤，更要吃肉。

肉才是最有营养的。反而是汤，在它的鲜味之下，还隐藏了一些对身体可能不利的因素。

首先是汤里的盐分。一锅汤往往要加好几勺盐，才能达到和其他菜品相当的咸度。这样的汤如果多喝几碗，一天的钠摄入量就很容易超标。我们在日常饮食中，如果有喝汤的习惯，那就要喝清淡的汤，实在没法适应清淡口味的，也要控制喝汤的量，尽量不要喝太多。

其次是汤中的油脂。蒸好的鸭露，表面上会浮着一层油。如果不去除这些油脂，而是随汤一起喝下去，会给身体造成额外的负担。因此，如果喝汤是为了养生，而不是增肥，那么在喝汤之前，最好养成分离油脂的好习惯。直接用汤勺可能舀得不够干净，可以将冷却后的汤放入冰箱冷藏室，待油脂冷却凝固后，再轻轻捞出。也可以购买专门的油汤分离勺，利用简单的物理原理，将密度不同的油与汤水进行分离。

值得一提的是，很多人都爱喝煲成奶白色的汤，觉得奶白色的汤往往喝起来特别香。为什么这种汤喝起来特别香？因为其中油脂含量很高。你可能会问，奶白色的汤表面并没有浮着一层油，哪来的油脂含量呢？

油汤分离勺

我们以鱼汤为例。同样一条鱼，如果直接加水炖，炖出来的往往是清汤，但如果将这条鱼先在锅里用油煎一会儿，趁热再加入水，就会炖出奶白色的汤。

这是为什么呢？因为往煎鱼的油锅里加水时，水受热瞬间蒸腾，使油和水得到了充分的混合，在鱼肉中一些蛋白质的帮助下，发生了乳化。什么是乳化呢？我们以普通的全脂牛奶为例，和脱脂牛奶不同，全脂牛奶保留了牛奶中的油脂，占牛奶总量的 3%~4%，不过，这些油脂并不会浮在牛奶表面，而是以许多微小液滴的形式，均匀地分散在牛奶中，这种现象就是乳化。

发生了乳化的鱼汤里，油也不会浮在汤的表面，而是以微小油滴的形式均匀分散在汤中，使汤呈现好看的奶白色。如果你不想摄入过多的油脂，像这样奶白色的汤不宜多喝。

好了，聊完了汤里的盐和油，我们最后再来了解下汤里的嘌呤。

嘌呤这种物质对健康的人来说并没有什么风险，在人体新陈代谢的过程中，嘌呤最终会被代谢成尿酸，而排出体外。但对于高尿酸血症与痛风患者而言，当摄入嘌呤的量过多时，会使体内的尿酸含量过高，而引起关节疼痛。

嘌呤可溶于水，在煮汤时，它会大量溶解在汤中。海鲜和动物的肉类中嘌呤含量都比较高。因此，国家卫生健康委员会在针对高尿酸血症与痛风患者发布的膳食指导意见中提出，在吃海鲜和肉类时，建议煮后弃汤，以减少嘌呤摄入量。

弃汤吃肉，你看，原来对有些人来说，喝鲜美的鸭露，还不如直接啃又干又柴的鸭肉呢。

“化学力”等级提升（23）

动物油脂的熔点一般在 20~50℃，常温下多呈固态，我们称之为脂肪。

未成年人
须在成年人
陪同下操作哦！

用鸡、鸭、猪、牛或羊肉煲汤时，由于温度较高，动物脂肪融化，浮在汤的表面，我们称之为“油花”，当脂肪的量比较多时，油会均匀地分布在汤的表面，看起来就是“厚厚的一层油”。不过，当这份汤冷却时，不管是“油花”，还是“厚厚的一层油”，都会凝成固态。

选取任意一份含脂肪的肉汤，在空气中自然冷却后，放入冰箱冷藏半小时，取出，观察肉汤表面脂肪的状态变化并记录。

2.3 炸薯条为什么那么香

土豆学名马铃薯，是人们很喜爱的食物，它可以直接整个蒸熟后吃，也可以切块和其他食材一起炒或炖，还可以油炸。在众多做法中，炸薯条酥软喷香，特别受欢迎。

其实不只炸薯条，大多数油炸过的食品，我们都会觉得很香。在主要提供油炸食品的西式快餐店里，人们的食欲往往很容易被炸薯条或炸鸡块的香味唤醒，产生要大吃一顿的念头。

炸鸡腿和炸薯条

为什么和蒸、煮或炖相比，油炸出来的食物，香气好像特别诱人呢？说出来你也许不信，这很可能是因为油炸食品吃了最容易发胖，而容易发胖的食品特别诱人。

为什么我们会觉得容易发胖的食品诱人呢？这要从人类食不果腹的时代说起了，在人类进化的过程中，越是高热量的食物，对生存越有利。而在人体所需的三大营养物质中，油脂的热量最高，超过糖类和蛋白质。也就是说，在摄入量相同的情况下，油脂能为人体的生命活动提供最多的能量。不仅如此，油炸食品对人类来说，还意味着安全，因为油炸的高温后可以杀灭食物中的微生物。于是在漫长的自然选择过后，存活并繁衍下来的人类，基因里就有着对油炸食品这一高热量熟食的天然喜爱。

不仅如此，油炸食品的口感还非常奇妙，它外脆里嫩、香酥又多汁，和蒸、煮、炖等方式烹饪出来的食物相比，它的感官体验更为独特，让人欲罢不能。

这又是为什么呢？因为油炸和其他烹饪方式在原理上有着本质区别。大多数的烹饪方式是以水或水蒸气为导热介质，那么，食物的温度就和水的沸点接近，保持在 100℃左右。即便是高压锅，在增加了锅内气压而提高水的沸点后，也只能达到 110～120℃的烹饪温度。

而用油做导热介质时，情况就大不一样了。油的沸点比水要高得多，在充分加热后，油的温度能达到 200～300℃。食物一进入油锅，就能迅速吸收很多热量，使得食物表面的细胞组织在瞬间失去大量的水，形成许多中空的孔隙结构。这无数中空的微小孔隙，就是油炸食品表面酥脆的原因。与此同时，这层酥脆干燥的硬壳，也锁住了食物内部的水分，使食物内部受热产生的水蒸气难以逸散，形成较高的蒸气压，将食物内部“蒸”熟。

食物在油炸的高温下发生一系列复杂的化学反应，产生丰富的香味物质，而油炸后水分的大量减少又提高了香味物质的浓度，再加上很多食用油本身就有特定的香味，所以一盘刚出锅、香喷喷的炸薯条或者炸鸡块，还真是难以抵挡的美食诱惑呢。

当然，你一定知道，油炸食品虽然美味，却不能多吃。对现代社会的人们来说，过高的热量反而是一种身体负担。很多人在吃油炸食物前，会充分地沥干油滴，或是用纸巾吸去食物表面的油，以尽量减少油脂的摄入量，按现代饮食观念来看，这是很好的习惯。另一个吃油炸食物的好习惯，是多喝水。油炸类食品比蒸煮类食品的含水量低，同时脂肪含量高，如果一下子吃太多，容易因为缺水和营养失衡，导致口干、咽痛、长痘和便秘等一系列症状，俗称“上火”。

这两个是吃油炸食品的好习惯，在制作油炸食品时，也有两个好习惯。

第一，启动吸油烟机。油炸时会产生油烟，其中的可吸入颗粒物会影响人体健康，苯并芘等更是危险的致癌物。临床数据发现，在不吸烟的女性肺癌患者中，有超过 60% 的患者长期接触油烟。因此，如果在室内厨房制作油炸食品，必须全程开启吸油烟机，如果在户外，则要在通风处进行。

第二，不要将油进行反复油炸。我们知道，油有一定的保质期，如果存放过久，容易因为油脂被空气中的氧气氧化而变质，产生“哈喇味”。油炸时，由于高温，油氧化变质的速度大大加快。如果注意观察，就会发现油炸过后，油不仅颜色变深，黏度也会变大，这时，油中的有害杂质变多，品质也下降了。所以，油锅里炸过一次后的油，如果觉得倒掉可惜，那就直接凉拌或炒菜，不要重复油炸。

灶台上的吸油烟机

当然，对于油炸食品，最好的习惯，还是尽量少做、少吃。毕竟，虽然我们的基因里还保留着对高热量食物的热爱，但我们的身体，已经在进化的路上走得更远了呢。

油炸食品的原理是以高温的食用油为导热介质，对食物进行快速加热，使食物表面瞬间失水变硬（酥脆），同时，利用变硬的外壳锁住食物内部的水分，使受热产生的水蒸气难以逸散，形成较高的蒸气压，将食物内部“蒸”熟。

近年来，越来越多的家庭开始使用“空气炸锅”，顾名思义，这是一种利用空气替代油，来模拟“油炸”过程的炊具。阅读空气炸锅的说明书或者上网查询，结合你对油炸原理的理解，尝试解释空气炸锅的烹饪原理。

未成年人须在成年人陪同下操作哦！

厨房里的这些物品你真的了解吗

3

小迪的第一个“化学实验”，是在厨房里做的。在我的指导下，他把一个生鸡蛋浸泡在白醋里，不一会儿，鸡蛋壳表面出现了许多小气泡。我告诉他，这些气泡和可乐里的气泡成分一样，都是二氧化碳气体。因为鸡蛋壳的主要成分是碳酸钙，碳酸钙可以和醋里的酸反应，生成二氧化碳。

如果耐心等待更长的时间，会看到更有意思的实验现象。在把这个鸡蛋浸泡了三天后，我们将它取出并清洗干净，发现鸡蛋变得半透明且柔软，不仅如此，把它往桌上扔，它不但不会破碎，还会回弹。硬壳鸡蛋变成了一个弹力球！

为什么会出现这么有趣的变化呢？因为经过足够长时间的浸泡，鸡蛋壳已经完全溶解在白醋里了，鸡蛋的表面只剩下一层薄膜。小迪大呼过瘾:“白醋原来这么神奇！”

我告诉他，白醋之所以神奇，是因为里面含有少量的醋酸。醋酸是一种有机酸，它可以和很多物质发生化学反应，不止鸡蛋，其实厨房里还有别的物质也能和它反应生成二氧化碳。

说完，我拿出一包苏打。当我往白醋里倒入苏打粉末时，眼前发生的一切让他禁不住叫出声来。“哇！”他又惊又喜。

你也可以试试哦。

3.1 蛋糕里的醋

蛋糕里会有醋吗?

在回答这个问题之前，我们要先认真研究一下醋。

中国有句俗语，用来形容老百姓的“开门七件事”，叫“柴米油盐酱醋茶”，可见在中餐料理中，醋是一款重要的调味品。不过，醋究竟有哪些性质，又是怎么制作的呢?其实很多人并不十分了解。

醋最典型的特征是“酸”。从化学的角度看，“酸”意味着能产生氢离子。当醋进入口腔中，产生的氢离子刺激舌头上的味蕾，发出特定的信号，经由神经传至大脑，我们就感觉到了酸味。

酸味是一种非常独特的味道，它会带来爽快的刺激感，正如我们常说的“酸爽”。很多名菜，比如“醋熘白菜”“西湖醋鱼”“糖醋排骨”等，都以酸味为主角，可以说，这些菜里如果不加醋，就没有了灵魂。

那么，这么特别的味道，最早是如何诞生的呢?

其实醋和酒的关系非常密切。最早的醋，就是不小心变质的酒。在英文中，醋是 vinegar，源于法语 vinaigre，意思就是酒（vin）变酸（aigre）了。葡萄酒放久变质了，喝起来就会发酸。而在中文里，关于“醋”这个字由来的说法，更生动有趣。

相传，醋是在酿酒的过程中被意外发现的。中国古代的“酿酒鼻祖”是位名叫杜康的人，曹操的《短歌行》中有一句著名的“何以解忧，唯有杜康”，就是用杜康来指代酒。杜康有个儿子，名叫黑塔，一直跟着父亲学酿酒。酿酒后总是产生大量的残渣——酒糟，而黑塔是个勤劳又节俭的人，他发现，这些酒糟虽然没用，但闻起来也有酒香，直接丢掉很可惜，于是就拿了一些废弃的酒坛存了起来。有一天，黑塔无意间发现，一坛封存多日的酒糟，闻起来竟然有一种陌生的奇异香味，他忍不住尝了尝，发现这种味道酸中带甜，甜中带香，非常过瘾，于

醋的制作

是“醋”就诞生了。把“醋”拆分开来，“酉”字指“酒坛”，“昔”字为“廿一日”，即在“酒坛”里封存了“二十一天”。

当然，传说不一定是真的，但酿醋要用酒，确实是真的。事实上，不管酒还是醋，大都是用粮食酿造的。醋的酿造总共分为三步：第一步，将粮食中的淀粉转变为葡萄糖；第二步，在酵母菌的作用下，葡萄糖转变为乙醇，同时产生二氧化碳；第三步，在醋酸菌的作用下，乙醇被氧化为乙酸。乙醇的俗名叫酒精，而乙酸的俗名叫醋酸，醋酸就是食醋的主要成分。也就是说，其实醋的酿造过程，就是“淀粉→葡萄糖→酒→醋”的过程，如果在酿酒过程中没有控制好条件，不小心继续反应，就会“酿酒不成反成醋”了。

聪明的你可能会问，一定要从淀粉开始酿醋吗？如果跳过第一步，从葡萄糖开始，或者直接跳到第三步，用酒来酿醋，可以吗？当然可以。欧洲就有不少用水果原浆酿制而成的醋，比如意大利鼎鼎有名的黑醋，就是用葡萄汁酿制而成的。因为带着特有的果香，这类醋往往很受欢迎，用来调配拌蔬菜沙拉的油醋汁再合适不过。

当然，不同品牌的酒或者醋，味道都有差别。因为酒和醋的酿造过程，都是非常复杂的化学反应，远远不止上述三步转化而已。除了淀粉和葡萄糖外，酿酒的原料还有很多其他成分，在酿造过程中，这些成分也会伴随着发生各种各样的副反应，生成不同的副产物。这些副产物的含量虽然很少，但却大大影响着产品的风味。这也是为什么以高粱为原料和以糯米或玉米等其他粮食为原料所酿的酒或醋，尝起来口味各异的原因。

好的食醋，需要经过长时间的酿造，在不同菌种的作用下，发生一系列复杂的化学反应，产生多种有机酸和香味物质，这样酿出来的醋，味道迷人且柔和。你可能会注意到，深色的香醋或者陈醋，味道往往比无色的白醋更好，就是因为其中含有更多不同种类的有机酸和香味物质，或者也可以理解为，深色醋往往含有更多的“杂质”。正是这些杂质，赋予了它们丰富而醇厚的口感。

当然，如果你不是追求口味，而只是单纯想利用醋的酸性，比如用醋来除去水壶或管道里的水垢，或者用醋来溶解鸡蛋壳，那就不用选择富有风味的香醋或者陈醋了，便宜的白醋更适合。

那么，再回到最初的那个问题，做蛋糕的时候用醋吗?

答案是，做蛋糕时可以用醋。我跟你分享一个私藏的蛋糕配方吧，“低筋面粉 85g、牛奶 40g、油 40g、鸡蛋 4 个、白砂糖 70g、白醋 3~5 滴”。我用这个配方，做过很多蛋糕，吃的人都觉得味道好极了，谁也没吃出来蛋糕里有醋味儿。

做蛋糕的时候为什么要放几滴醋呢？如果想做出又松又软的蛋糕，蛋糕体中就要像海绵一样，有很多中空的孔隙。这些孔隙是怎么来的呢？是蛋糕液中的泡沫变来的。在烤蛋糕时，蛋糕液如果有丰富的泡沫，那么泡沫内的空气受热膨胀，蛋糕就会随之长高、变胖，最后吃起来很松软。所以，打发蛋糕液，使其在打发的过程中产生稳定的气泡，是做出好蛋糕的关键。然而，制蛋糕的主要原料之一——鸡蛋清带有的碱性会使蛋糕液打发后的气泡容易消失。因此，加入几滴白醋，发挥“酸碱中和”的效果，使蛋糕液形成稳定的气泡，最终才能赋予蛋糕松软的口感。

当然，这个配方只是我的个人偏爱，如果不用白醋，而改用其他有酸性的物质替代，也完全可以。比如柠檬汁或者塔塔粉，它们也一样具有酸性，因此也和白醋一样，能对蛋清的碱性起到酸碱中和的效果，将它们加入蛋清里，也可以做出完美松软的蛋糕哦。

鸡蛋壳和许多贝壳一样，主要成分是碳酸钙，碳酸钙遇到大部分的酸，都会因为发生化学反应而溶解。

知道了这个化学原理，你就可以利用醋来溶解鸡蛋壳，亲自动手制作一个“弹力鸡蛋”了。实验方法很简单，将生鸡蛋放在某个合适的容器里，倒入白醋至浸没鸡蛋，静待三天后，小心地取出并清洗即可。

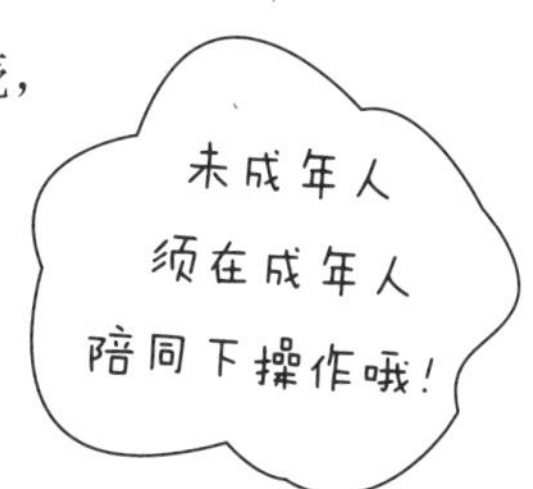

快动手试试吧，记得观察并记录实验现象哦。

3.2 可以“吃”的洗涤剂

自从小迪开始承担家务后，取快递、扔垃圾和洗碗都是他的工作。一天，他一边往洗碗机里摆碗和盘，一边问我：“今天用哪种洗涤剂？能吃的那种吗？”我看了下要洗的餐具，不是特别脏，也没有什么玻璃制品，就点了点头，说：“嗯，就用纯碱吧。”

纯碱就是他口中“能吃的”洗涤剂。当然，不是说纯碱可以直接放进嘴里吃。纯碱的碱性比较强，如果直接食用，会对口腔等消化道黏膜造成损伤，还会导致胃部胀气等不适感。

之所以说纯碱可以“吃”，是因为纯碱是一种非常安全的食品添加剂，我们日常很多食品都添加了纯碱。比如面团发酵时用的“碱面”，其实就是纯碱。

为什么面团发酵时要用纯碱呢？我们知道，蒸包子或者馒头前，要先让面团发酵一定的时间，在这期间，酵母产生的二氧化碳气体会让面团“长大”，做出来的包子或者馒头才会松软好吃。不过，面团在发酵的同时，会产生一些酸性物质，使包子或馒头带有令人不愉快的酸味。

这时候纯碱就开始发挥作用了。我们知道酸碱中和，纯碱的碱性可以中和面团的酸性，消除酸味。不仅如此，纯碱在中和酸性的同时，还能与酸反应生成二氧化碳气体，这样一来，面团进一步膨胀，变得更大更松软。不得不说，纯碱真是发面的好帮手。

其实，纯碱不仅是发面好帮手，还是清洁小能手呢。对于厨房油污，纯碱的洗涤效果相当不错。平时用洗洁精等洗涤剂，大家总担心会有残留，而用纯碱就不必担心了，它本身就是食品添加剂，就算有少量残留，吃起来也令人放心。

事实上，纯碱的除油污原理也很特别，和其他洗涤剂都不一样。绝大部分洗涤剂，包括洗洁精、洗衣液、沐浴露等，主要成分都是表面活性剂。表面活性剂的结构有个特点，它们大都是长分子，就像一条长链子似的。链的一端是亲水基团，易溶于水；而链的另一端是亲油基团，难溶于水，易溶于油。在遇到油脂时，这个长链分子的亲油基团就会插入油中，而亲水基团则留在水中，这样一来，许许多多的长链分子就将油脂整个包裹起来，使其脱离原来的附着物而除去。

而纯碱除油脂的方式，就不像表面活性剂那么温柔了。纯碱会直接破坏油脂的分子结构，它和油脂发生化学反应，使油脂水解，生成两种物质，一种是甘油，另一种是高级脂肪酸盐。

其实这两种物质你都很熟悉。你很可能“吃”或者“涂抹”过甘油，因为它是很多食品和护肤品中都常常添加的成分。“甘”指甜，甘油尝起来有甜味，可以做甜味剂，而且它的亲水性还特别好，甘油易溶于水，能吸收空气中的水分，是很好的保湿剂。而高级脂肪酸盐你很可能使用过，它也是一种表面活性剂，可

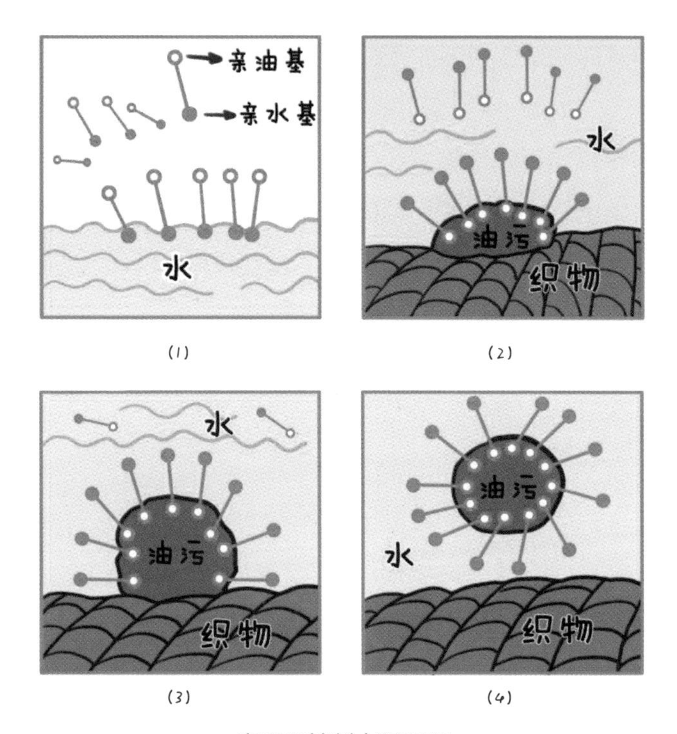

表面活性剂去污原理

以除油污，常用于制作香皂等各类洗涤剂。

这可真是太有意思了，当我们用纯碱除油污时，二者发生的反应不仅消耗油脂，还能生成高级脂肪酸盐这种洗涤剂。

事实上，纯碱和油污的反应过程，就是肥皂的制作过程。传说，最早发明肥皂的是古埃及人，埃及有很多咸水湖，湖中盛产天然碳酸钠，聪明的古埃及人很早就懂得利用纯碱处理木乃伊。据说有一天，一位皇宫里的厨师不小心把一罐食用油打翻了，他很害怕，就用灶里的草木灰盖住，然后趁人不注意，捧着这些混着油的草木灰偷偷扔掉。扔完之后，他去洗手，却意外地发现，捧过油的双手不仅一点都不油腻，而且还洗得特别干净。从此以后，用草木灰和油脂制肥皂的方法就传开了。

这个传说不一定是真的，但其中的化学原理却很符合逻辑。灶里的草木灰是草本和木本植物燃烧后的灰烬，其主要成分是碳酸钾，也具有碱性，在炉灶的余温加热下，油与碱性的草木灰发生反应，的确可以生成具有洗涤效果的高级脂肪酸盐，即肥皂。

现在你知道，其实用碱性物质，就可以除油污了。碱性越强，和油脂的反应越彻底，除油效果也越好，因此用纯碱可以洗碗。不过，纯碱的碱性比较强，直接接触对皮肤不好，如果是手洗的话，最好戴上手套。但用洗碗机就没有这个顾虑了，不仅如此，洗碗机在清洗时一般会自动加热，纯碱在热水中，碱性会变得更强，除油效果也更好。

既然纯碱这么好用，为什么洗碗机还要另外配备洗涤剂呢？这就不得不提到纯碱的一个性质了。纯碱遇到水中的钙离子，会发生化学反应，生成难溶性的碳酸钙，也就是俗称的水垢。如果家里的水质比较硬，水中含有较多钙离子，那么在用纯碱清洗餐具时，就会产生水垢。你可以用家里的玻璃餐具做一个清洗测试，玻璃晶莹透明，对清洁的要求很高，哪怕一点儿水垢都会非常明显。

当然，如果不那么讲究，那么纯碱这个替代品还是非常不错的，它价格便宜又安全，你就放心大胆地用吧。

纯碱的化学名称是碳酸钠，草木灰的主要成分是碳酸钾，它们性质相似，不仅可以和油脂反应，作为碱性物质，它们还能跟酸性物质反应。

碳酸钠或碳酸钾在和绝大多数酸性物质反应时，都生成二氧化碳气体。

你可以在家里的厨房实现这个化学反应。找到厨房里那瓶酸性物质——醋，将它和纯碱混合，观察并记录实验现象。

友情提醒，实验药品以少量为宜，避免出现实验现场过于狼藉的情况。

未成年人须在成年人陪同下操作哦！

3.3 不用磨的刀

家里的菜刀用久了，会慢慢变钝，通常每隔一段时间，就要磨一磨。磨刀是小迪最擅长的家务之一，他会很熟练地拿出买刀时赠送的磨刀器，把刀卡在凹槽中，然后顺着一个方向用力拉出，这么重复三四次，刀就磨好了。一天，他很积极地磨完菜刀，意犹未尽地问我，家里还有什么需要磨的刀吗？水果刀需要磨一下吗？

磨刀器

我跟他说，水果刀还很锋利，不需要磨。就算要磨，那个磨刀器也不合适。

他表示不解。

我说，因为咱们家的水果刀和菜刀材质不一样。

被我这么一提醒，他像突然发现了新大陆。“是哦！我怎么现在才注意到，水果刀是白色的，看起来不像钢铁，拿着也特别轻，而且好像一直都很锋利。这是什么特别的材质？不会是塑料吧？”

“陶瓷。”我回答。

“怎么可能？”他哈哈大笑，“碗和盘子才是陶瓷，这水果刀怎么会是陶瓷呢？”

话说那把水果刀还确实跟家里的陶瓷碗盘不太一样。不过，它确实也是陶瓷，准确地说，是新型陶瓷。新型陶瓷无论是在原料还是制作工艺上，都和传统陶瓷有着本质区别。传统陶瓷的原料主要是黏土，制作时先将黏土和水混合，捏成一定形状的坯体，再送进炉里烧制。由于刚捏好的坯体很软，容易变形，所以陶瓷制品很难做出尖锐的形状，即使好不容易烧制成功，也很易碎。

被纸张割伤的手

这样的陶瓷显然非常不适合做刀具。那为什么新型陶瓷却很适合呢?

因为做一把刀，最重要的就是能做出尖锐的刀刃。而刀刃的唯一要求是锋利。理论上说，只要能做出“足够薄的坚硬受力面”，任何材质都可以变得很锋利，包括金属、石头甚至木头。

不少人有过被纸张割到手的经历，大家被割的时候都会很吃惊，一撕就破的纸张，怎么会锋利得像刀一样呢?因为纸张的边缘足够薄，薄到可以和大部分的刀片媲美，而纸张又有一定的韧性，当角度合适时，它可以很“硬挺”，能够向手施加一定的压力。这样一来，纸张成为“足够薄的坚硬受力面”，把手割伤也就不足为奇了。

新型陶瓷就能做出这种“足够薄的坚硬受力面”。新型陶瓷的常见原料有两类:一类是氧化铝、氧化锆、氧化钛等金属氧化物;另一类是氮化硅、碳化硼等非金属氧化物。这两类物质的共同点就是，性质稳定且硬度大，不仅耐高温，还耐磨损。

以我们相对熟悉的氧化铝为例，你一定听说过蓝宝石和红宝石，是的，自然界中的氧化铝就是大名鼎鼎红蓝宝石的主要成分，它们的硬度很大，在天然存在的物质中排名第二，仅次于天然钻石——金刚石。不过，直接用红宝石或蓝宝石做陶瓷刀，显然很不现实，不仅原料稀缺、价格高昂，而且要把这么坚硬的宝石打磨成薄刀片，技术难度也很大。

那么现代化工又是怎么做的呢?首先，化整为零，先用化学方法制造出高纯度的超细氧化铝粉末，再集零为整，用机器对超细粉末进行压制，然后烧结成型，最后再进行精细加工。这样做出来的氧化铝陶瓷，不仅具有宝石的高硬度，而且还能根据我们的需求，做成各种各样的形状。

事实上，新型陶瓷的家族成员众多，它们大都有很好的硬度和强度，并且耐高温、耐腐蚀、耐磨损。比如氮化硅陶瓷，在加热到1000℃时仍然保持着高强度，哪怕突然投入冷水中也不会破裂，像这样的材料，非常适合用来做高速发动机和高温切削工具等。一些新型陶瓷还具有非常好的电性能，适合做各种电容器、电气元件和集成电路基板等；另一些新型陶瓷则具有很好的光性能，能够做镜片、光纤通信系统和激光器等。

更为难得的是，科学家们还制出了一些具有良好生物相容性的新型陶瓷，这种陶瓷在植入人体后，不会引起排斥反应，可以作为生物结构材料，比如人造骨骼、人造牙齿、人造关节等。如今，用氧化锆做成的陶瓷牙和人造关节在医学上已经有了相当广泛的应用，成为许多病人的福音。

新型陶瓷不仅在尖端技术领域崭露头角，也在慢慢走入寻常百姓家，比如很多家庭都在使用的陶瓷刀。和金属刀片相比，陶瓷刀片性质更稳定，更耐腐蚀、耐磨损，如果保养得当，用上好几年也依旧锋利，不需要像金属刀片那样常常打磨。

同时，陶瓷刀片还更为轻便，因为它的厚度可以做得比金属更薄，在切食物时，刀片和食物的接触面积小，使压强增大，因此切割时也会觉得比较轻松。不少陶瓷刀的广告宣称“切洋葱不辣眼睛，切苹果不变色，切西红柿不流汁”，也正是因为刀片薄，对食物的挤压面也小，能在破坏相对较少分子的情况下完成切割，流出的汁液自然也就更少了。

不过，陶瓷刀也并不是完美的刀。作为刀具界的新生力量，它虽有明显优势，也仍然存在不足，比如拍黄瓜或者蒜头这种常规动作，就不适合用它来完成，因为陶瓷材料大都比较脆，韧性不好，如果剁、压或者撬，都容易使它断裂。另外，它不像金属那样有一定的弹性，如果做刨刀的话，贴合感会比金属刀片略差，同样给黄瓜削皮，用陶瓷刨刀的话，可能需要多削几下。

当然，新生力量总是值得期待的，它的不足，恰恰也是它潜在的可能优势。目前，在陶瓷材料领域，已经有很多科学家为了克服陶瓷的脆性，开展了各种研究，也许在不久的将来，我们人人都有机会用上一把更为完美的水果刀呢。

“化学力”等级提升（27）

洋葱里有一种特殊的物质，这种物质本身是无味的，也不具有挥发性，但当洋葱细胞被破坏，细胞里的酶和这种物质相遇，便会产生某种具有挥发性的有机硫化物。这种挥发性的有机硫化物很容易逸散到空气中，刺激眼睛并使其分泌泪水，这就是切洋葱会使人流泪的原因。

有很多方法可以帮助我们在切洋葱的时候不流泪，比如使用锋利的刀，减少对洋葱细胞的破坏，或是将洋葱用热水烫，使酶失去活性，又或是戴上护目镜，隔绝挥发性的有机硫化物等。不过最简单实用的，是利用这种有机硫化物可溶于水的性质，使其溶解在水中，而不是挥发到空气中。

我们选择两个大致相同的洋葱来做对比实验。

将第一个洋葱对半切开，用水浸泡约半分钟，再用蘸过水的刀切。第二个洋葱用未蘸过水的刀直接切。对比观察并记录实验现象。

未成年人
须在成年人
陪同下操作哦！

3.4 消失的保鲜膜

冷掉的炸鸡排，味道不太好，如果想把它重新变得香气诱人，可以放在微波炉里加热一两分钟。不过，在微波炉里加热食品，容易造成食物颗粒飞溅，弄脏微波炉内壁，因此很多人习惯在加热时盖一个盖子，或是在食物外面封一层保鲜膜。

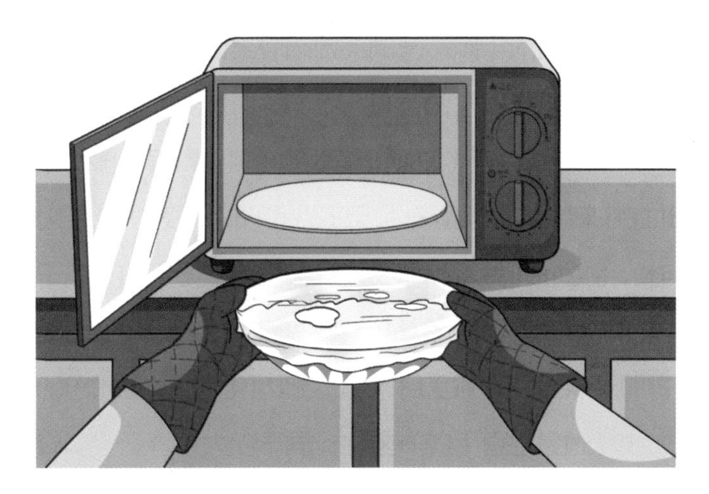

微波炉加热后保鲜膜局部出现空洞

如果在炸鸡排外面裹上一层保鲜膜，放进微波炉加热，拿出来时，你可能会发现鸡排表面油滴沸腾，嗞嗞作响，而原本完好的保鲜膜则出现破洞，一部分保鲜膜“消失”了。

消失的保鲜膜去哪儿了呢？

其实，那些保鲜膜是被油“吃”掉了。准确地说，就像食盐遇水会溶解一样，保鲜膜遇到热油，也溶解了。和保鲜膜“溶”为一体，那这块炸鸡排还是不吃为妙。当然，裹着油炸食品在微波炉里加热，这本身就不是保鲜膜的正确用法。也可能是保鲜膜太司空见惯，很多人反而从来没认真了解过它。

来，今天我们就一起来重新认识下保鲜膜。

保鲜膜是一种塑料制品，它可以隔绝空气中的细菌和灰尘，又具有一定的透气性和透湿性，能调节食品周围氧气和水分的含量，从而延长食品的保鲜期。

市面上常见的三类保鲜膜，所用的塑料材质分别是 PE（聚乙烯）、PVC（聚氯乙烯）和 PVDC（聚偏二氯乙烯）。

塑料的种类特别多，一般人都记不住，没关系，你只需要知道，在加工塑料这类高分子材料时，常常需要塑化剂就可以了。什么是塑化剂呢？这是一种能提高塑料的柔韧性或强度，在塑料中普遍存在的添加物。

如果你留意过瓶装矿泉水的标签，会发现上面常有“避免日光直射及高温”或其他类似的提示语。其实水的性质非常稳定，在日晒或加热情况下是不会变质的，那为什么瓶装水还要避免日光直射和高温呢？因为这不是水的问题，而是瓶子的问题。在与水接触时，塑料瓶会缓慢地释放出塑化剂，一瓶还在保质期内的矿泉水，水中塑化剂含量都在安全范围内，但如果在日光直射或高温时，塑化剂加速溶出，其含量很容易超标。研究证明，一些以邻苯二甲酸酯为代表的塑化剂，会影响人体的内分泌系统，导致儿童性早熟或生殖器官发育异常，严重的还会使生殖能力受损。因此，各个国家对食品包装和儿童玩具中的塑化剂含量都做了严格的规定。

像保鲜膜这种和食品直接接触的塑料薄膜，就像食品的“贴身衣服”一样，也有可能向食品中释放塑化剂。因此，我们在购买和使用保鲜膜时，要注意认真阅读标签，选择适合的产品。

目前大部分家庭最常用的保鲜膜是 PE 保鲜膜，它的塑化剂含量很低，也是相对安全的塑料。这种保鲜膜的使用温度通常在 -20～100℃，无论是常温、正常加热、冷藏或冷冻，用它来保鲜食物，都是非常安全的。研究测试表明，PE 保鲜膜在普通蒸锅中长时间加热，析出的有害物质仍然在国家标准允许的安全范围内。不过，需要注意的是，高压锅或微波炉内的温度，往往超过 100℃，是不可以使用 PE 保鲜膜的。

PVC 保鲜膜的塑化剂含量就高多了。国家标准明确规定，PVC 保鲜膜应标有“不得微波炉加热”和“不得高温使用”的警示语，不仅如此，还要特别标注“不能接触带油脂食品”。为什么不能接触带油脂的食品呢？因为塑化剂易溶于油脂，在接触到肉类等含油量比较高的食品时，塑化剂的溶出速度会加快。像 PVC 这样的保鲜膜当然不建议家庭使用，事实上，它的价格比其他保鲜膜要更有优势，但由于安全性偏低，正在被保鲜膜市场逐步淘汰。

最后介绍一下保鲜膜界的新星—— PVDC。和 PVC 相比，PVDC 虽然只是多了一个英文字母，但安全性却大大提高了，用 PVDC 制成的保鲜膜最高耐热温度可以达到 140℃，大大超过 PE 保鲜膜。根据国家标准，凡是可以在微波炉加热使用的保鲜膜，应该在包装上标识“可微波炉使用”。在 PVDC 保鲜膜的包装上，你就能发现明显的“可微波炉使用”的标识。

不过，即使是 PVDC 保鲜膜，仍然不适合包裹炸鸡排在微波炉里加热。因为油的沸点比水高多了，一般在 200℃以上，当微波加热使油滴沸腾时，贴着油的 PVDC 保鲜膜仍然可能会熔化而“消失”不见。在加热油炸食品时，如果要用保鲜膜，应始终让保鲜膜和食品处于分离状态，不直接接触，以免温度过高引起保鲜膜破损。

当然，随着材料化学不断发展，将来一定还会出现更多性能更好的保鲜膜材料。作为普通消费者，我们很难做到真正去了解每种材料的性能与特点，但我们可以做到的是，在使用每种产品时认真地阅读产品说明，并在操作中严格地遵守使用要求。只有养成这些好习惯，才能更好地在我们的日常生活中把好食品安全这一关哦。

保鲜膜的包装上除了标明材质外，还会标出适用的温度范围，比如 –20～100℃、–60～110℃等。在使用时，要严格遵守使用温度，避免由于温度过高或过低，而影响保鲜膜性能或析出物污染食物。

今天的“化学力”等级提升安排在你家附近的超市，请你找到不同品牌不同类型的保鲜膜，认真阅读标签，找到一款耐热温度最高的保鲜膜，认识其所用的材质，与其他耐热温度较低的保鲜膜材质进行对比。

未成年人须在成年人陪同下操作哦！

一个井然有序的厨房

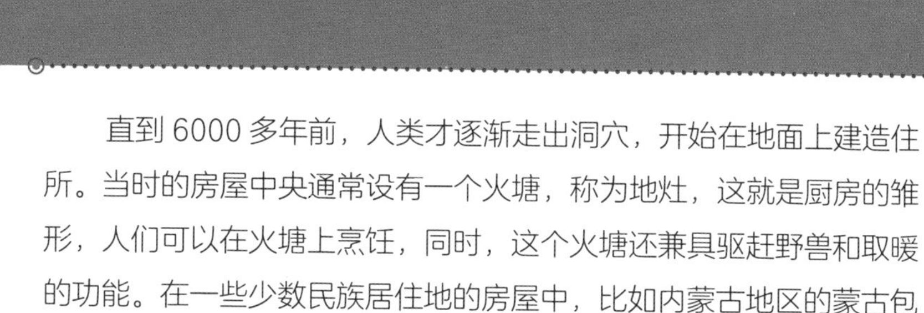

直到 6000 多年前，人类才逐渐走出洞穴，开始在地面上建造住所。当时的房屋中央通常设有一个火塘，称为地灶，这就是厨房的雏形，人们可以在火塘上烹饪，同时，这个火塘还兼具驱赶野兽和取暖的功能。在一些少数民族居住地的房屋中，比如内蒙古地区的蒙古包和云南傣族的竹楼等，至今仍然保留着火塘这一古老的设计。

后来，随着社会生产力的发展，人们的生活方式逐步改变，房屋建筑技术也不断提高，火塘开始由房屋的正中间移至角落，烟囱贴墙面而砌，排烟效果更好。同时，火塘也“长高”了，由地灶改为砌高的灶台，这样一来，不仅便于人们站立操作，也更卫生整洁了。为了贮藏粮食和燃料，以及存放越来越多的烹饪器具，火塘及其相关的功能区便集中地从整栋房屋中分离出来，早期的厨房诞生了。

现在，随着科技的进步，厨房功能也日趋完善。现代厨房不仅拥有全自动的水、电、烟道系统和配套橱柜，还有电冰箱、煤气灶和油烟机，食品的储存和烹饪效率都大大提高。同时，个性化的厨房用品不断推陈出新，比如微波炉、电烤箱、不粘锅等，餐具的种类则更是琳琅满目。

面对厨房里这么繁多的物品，我们要深入了解，才能恰到好处地发挥它们的功能，让它们更好地为我们的生活服务。

4.1 冰箱不是保险箱

战国时期曾侯乙墓曾出土的一件文物，叫曾侯乙铜鉴缶，这个铜鉴缶的构造很有意思，它是一套由外部的大铜鉴和内部的小铜缶组成的双层结构，在中间隔层装入冰块后，就是一个原始的“冰箱”。

原来，早在两千多年前，人们就懂得利用冰块给食物降温了。不管是当时的铜鉴缶，还是今天的电冰箱，都是通过营造低温环境，为食物降温，延长食物的保鲜期。

那么，冰箱究竟是怎么制冷的呢？其实原理很简单，就是利用物质固态→液态→气态变化的同时会吸收热量这一规律，来降低周围环境的温度。在古代冰箱里，由于冰块的温度低于周围的空气，因此冰块会吸收周围空气的热量，同时融化成液态的水。当然，用冰块做制冷剂，实际上很不方便，因为冰块一旦融化成水后，就无法再利用，像曾侯乙铜鉴缶这样的古代“冰箱”想保持低温，需要不断地更换冰块。

现代冰箱就不存在这个问题了，因为现代冰箱采用了一种叫作“连续压缩气体”的方法，可以实现制冷剂的循环利用。

“连续压缩气体”的原理是什么？又是什么样的制冷剂可以循环利用呢？

很多人都有过这样的经验，当打针或者抽血时，护士会用棉签在皮肤表面涂医用酒精消毒，这时候皮肤总会觉得特别凉，因为液态的酒精变成气态这一过程，吸收了皮肤表面的热量。有趣的是，如果对气态物质施加足够的压强，它又能够重新变为液态。

现代冰箱正是利用液态物质的气化来吸收空气的热量，然后再用电动压缩机不断地将气体压缩成液体，从而实现制冷剂的循环利用。只要让冰箱保持通电，压缩机就能一直工作，不停地压缩气体，从而源源不断地产生液态制冷剂，液态制冷剂吸收冰箱内部的热量，变成气体，再次进入压缩机，如此不断循环，实现持续制冷。

今天，冰箱几乎成了每个家庭的必需品，由于它能很好地保鲜食物，因此大大减轻了人们的家务负担。很多人觉得，把食物放在冰箱里，就不用太担心变质问题，在某种程度上，冰箱大大提升了大家对食物保存的安全感。

不过，冰箱不是保险箱。近年来，因为对冰箱的使用不当而产生的食物中毒案例也时有发生，其中最常见的原因是存放于冰箱内的食物变质。

存放于冰箱内的食物也会变质吗？当然会。因为冰箱并没有杀菌功能，准确地说，它的作用是“抑菌”，也就是利用低温环境延缓细菌等微生物生长和繁殖的速度，这速度只是变慢，并没有消失。也就是说，在冰箱内的食物并不是不会变质，只是变质得更慢而已。每天进出冰箱的食物很多，其中有相当一部分是沾染着细菌的生食，如果存放食物时没有生熟分开或密封保存，或者冰箱内部没有定期做好清洁，食物间的细菌容易互相污染，出现食品交叉感染的情况，食物会变质得更快。

存放食物的冰箱

值得一提的是，经冰箱冷冻后的食品，在解冻后要及早烹饪，一次吃完。因为对食品进行冷冻，并不能杀死其中的细菌等微生物，而只能使它们的活性降低，一旦解冻，它们的活性就恢复了。不仅如此，冷冻再解冻的过程会使细胞膜破裂，这样一来，营养丰富的细胞液流出，微生物的繁殖速度会大大加快，食品变质的速度也会大大加快。

所以，最佳的解冻方式，是提前一晚将冷冻食品放入冷藏室中，多花一点时间，慢慢解冻，利用低温抑制解冻过程中微生物的生长与繁殖。而最糟糕的解冻方式，是将食品泡在热水中，因为食品导热慢，往往食品内部还未解冻，而食品表面却因温度过高而变质。

当然，食品变质不一定都是因为微生物繁殖，有时，食品本身所含的化学物质也可能发生一系列反应，从而产生有害物质。

比较常见的有害物质是亚硝酸盐。这是一类外观与食盐相似，但性质却大不相同的物质，常用作各种肉制品的食品添加剂，比如火腿肠、午餐肉等。一些研究表明，微量亚硝酸盐能帮助血管扩张，在人体内起到通畅血管的作用，对人体健康有一定的益处。

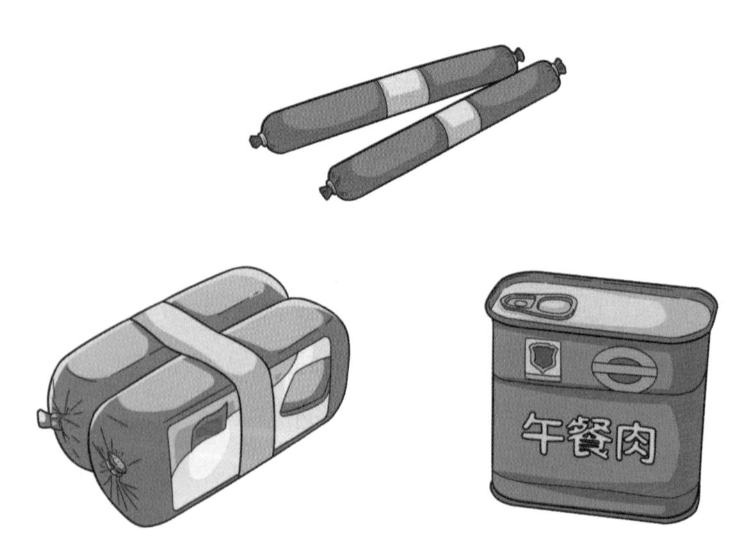

火腿肠和午餐肉

但是，亚硝酸盐导致的中毒事件却时有发生。0.3～0.5 克的亚硝酸盐即可引起中毒，3 克的亚硝酸盐则会导致死亡。你可能会疑惑不解，为什么有毒的亚硝酸盐却可以做食品添加剂呢？这就要说到现代毒理学的一个基本观点：剂量决定毒性。

举个例子，砒霜是最古老的急性剧毒物之一，但在古代，它也是一味中药，如果控制好中药里砒霜的剂量，可以有效地帮助治疗疾病。亚硝酸盐也是一样。目前各国对于亚硝酸盐的使用，都有着非常严格的要求。我国规定，在生产肉制品时，单独使用亚硝酸钠的最高限量为 0.15g/kg。

也就是说，只有按照食品安全标准在规定范围内使用时，亚硝酸盐才是安全的。如果摄入过量的亚硝酸盐，会影响血液中血红蛋白的携氧功能，使人体缺氧，引起中毒。不仅如此，亚硝酸盐在人体内还可能转化为一种很强的致癌物——亚硝胺。

中药铺

为什么冰箱如果使用不当，会产生亚硝酸盐中毒的风险呢？因为肉类和蔬菜中天然都含有硝酸盐和亚硝酸盐，随着时间延长，细菌会逐渐将硝酸盐转化为亚硝酸盐，使食物中的亚硝酸盐含量升高，特别是烹饪后的叶菜类蔬菜，比如白菜、油麦菜等。很多煮好的叶菜类蔬菜在常温下放置 24 小时后，亚硝酸盐的含量就会超标。如果放在冰箱里冷藏，亚硝酸盐含量会比在常温下低很多，但仍然远远高于肉类食品。

所以，如果一餐饭吃不完，要尽量先将叶菜类蔬菜吃完，剩下的肉类可以放冰箱冷藏。还要注意在下一餐再吃之前，彻底加热。虽然加热不能除去亚硝酸盐，但仍然是提高食物安全性最简单有效的方法。就连毒性那么强的肉毒毒素，在 90℃时加热 2 分钟，也可以被完全破坏掉。

当然了，我们也不必谈剩菜色变，因为少量的亚硝酸盐完全可以通过人体的正常代谢排出体外，吃一些剩菜，对身体不会有什么不良影响。但如果能合理安排每餐的菜品分量，养成吃新鲜食物的习惯，会更有益于身体健康。毕竟冰箱的发明，是为了帮助我们提高生活质量，而不是方便我们吃剩菜的。古代的曾侯乙铜鉴缶，想必也不是特地发明用来装剩菜的呢。

“化学力”等级提升（29）

有一种很容易在肉类中生长与繁殖的细菌，叫作“肉毒杆菌”，这种细菌能产生肉毒毒素，这是已知天然毒素和合成毒素中毒性最强的，中毒后死亡率极高。

在肉制品添加亚硝酸钠等亚硝酸盐，能非常有效地抑制肉毒杆菌生长，大大提高肉制品的安全性。不仅如此，这些亚硝酸盐还能与肉品中的肌红蛋白发生

未成年人
须在成年人
陪同下操作哦！

反应，生成亮红色的亚硝基肌红蛋白，使肉类呈现新鲜的粉红色。亚硝酸盐同时具备防腐和护色两大功能，是肉制品不可或缺的添加剂。当然，由于亚硝酸盐具备一定的毒性，我们要注意不要过多地摄入亚硝酸盐。

到超市找找火腿肠和午餐肉等肉制品，认真阅读它们的配料表，看看是否能找到亚硝酸盐的身影吧。

4.2 微波炉：我和它们不一样

在没有电的时代，烹饪通常只有一个办法，就是用柴火加热。进入电气时代后，现代厨房就大不一样了，电饭煲、电炖锅、电压力锅、电磁炉、微波炉、电烤箱、电蒸箱、酸奶机、煮蛋器、吐司机等各种各样的大小电器层出不穷，各展身手，烹饪越来越现代化。

在这么多的烹饪设备中，微波炉是个很特别的存在。它的加热原理独树一帜，堪称黑科技。它的加热效率特别高，使用起来很方便，不过，需要注意的禁忌事项也特别多。

那么，微波炉是不是一种很危险的电器呢？事实上，微波炉不仅安全，而且好用。当然，这一切都要建立在正确使用微波炉的前提下。在使用新物品前，认真阅读使用说明书是个好习惯。特别是电器，如果不按说明书操作，可能会损坏物品或导致受伤。所有微波炉说明书都会强调，必须使用适合微波炉加热的器皿，比如陶瓷、玻璃和耐高温的塑料制品，不锈钢餐具是不能放进微波炉加热的。不仅不锈钢，所有含金属的制品，都不能放进微波炉。

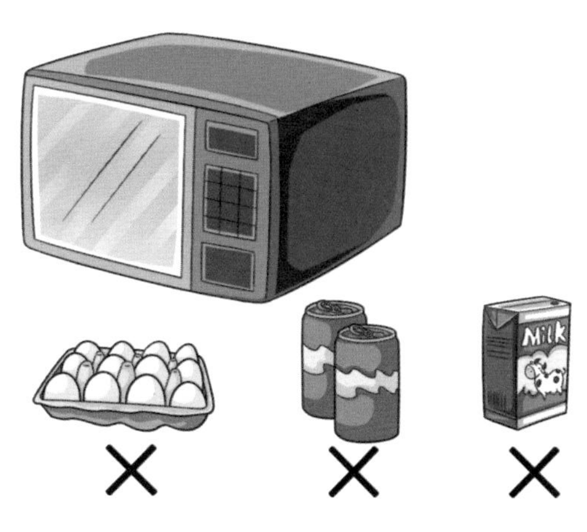

微波炉不可加热的食物

为什么金属制品可以用于其他烹饪电器，却不能用于微波炉呢？这得从微波炉的工作原理说起。

1945 年，美国工程师斯宾塞正致力于研究雷达中的磁控管。磁控管是一种能发射微波的电子元件，有一天，斯宾塞意外地发现，磁控管发射的微波让他口袋里的巧克力融化了。斯宾塞觉得这很不寻常，在没有和热源接触的情况下，巧克力怎么会融化呢？原来，是微波穿透了空气和衣服织物，让巧克力中的水分子发热而引起融化。

这看不见的“微波”到底是什么呢？我们先从平常身边看得见的光说起吧，我们肉眼可以看见的五颜六色的光，叫作可见光，它是电磁波的一种。除了可见光以外，电磁波还有很多种，它们的频率有高有低。某些频率的电磁波，是我们肉眼可见的，比如阳光、灯光或是彩虹中各种颜色的光；而某些频率的电磁波是我们肉眼不可见的，比如红外线和紫外线，微波和它们一样，也是一种看不见的电磁波，你可以把微波理解为“看不见的光”。

有意思的是，微波这种“看不见的光”，和水分子非常有缘分。科学家们研究发现，微波电场转动的频率和水分子本身的固有频率一致，这样一来，水分子会就被微波电场吸引，并随着微波电场的振荡而运动。

从微观上看，水分子的运动加快，而无数个水分子的微观运动所表现出来的宏观效果，就是水的温度升高。食物中大都含有水分，基于这个原理，发明了用于加热食物的微波炉。

微波炉的问世，可谓是妥妥的厨房黑科技。要知道，一直以来，微波技术最主要应用于通信和军事领域，比如基于卫星信号传输的 GPS 全球定位系统，或是用来远距离探测目标的军用雷达。谁能想到，这么高端的技术，竟然还能用来在厨房里加热食物呢。

不过，微波也并不是无坚不摧的。在遇到金属时，微波无法穿透，而是会被“反弹”回来。微波炉的金属外壳和门上的金属网，正是利用这个原理，这些金属把微波“困”在炉里，集中能量让食物吸收，否则微波外泄，就不能起到加热食物的作用，还会发生危险。

虽然微波炉的外壳是金属制成的，但如果把金属放入微波炉内，却有一定的危险。金属在微波作用下会发热，就像电磁炉加热金属锅一样，金属会变得很烫。更危险的是，某些特定形状的金属，在微波作用下还可能产生电火花，破坏微波炉。所以，为了安全起见，除了某些特别设计的、标注“微波炉专用”的金属餐具外，其他含金属成分的物品一律不准放入微波炉，包括金属勺、金属筷，以及镶金边或银边的餐具，和内层有铝箔夹层的常温牛奶盒等。

另外，不能用微波炉加热鸡蛋，会引起爆炸；不能用微波炉加热易拉罐饮料，会引起爆炸；不能用微波炉加热盒装牛奶，会引起爆炸。用微波炉加热食品这么容易爆炸吗?

首先我们要明白爆炸的原理。如果有一个相对封闭的体系，其内部气压突然增大，大到能够冲破体系外壳时，爆炸就发生了。气压在短时间内增大得越多，爆炸通常就越剧烈。炸弹就是通过触发弹体内部火药发生剧烈的化学反应，在瞬间生成大量高温气体，达到爆炸的效果。

用微波炉加热鸡蛋就是类似的效果，一旦用微波炉加热，“鸡蛋”就变成了一颗隐形的“炸弹”。因为，微波炉加热效率特别高，会导致鸡蛋内部的水分快速蒸发，产生大量水蒸气，正是这些水蒸气造成鸡蛋内部气压增大，当气压大到鸡蛋壳难以承受时，蛋壳被内部的气体冲破，鸡蛋就“爆炸”了。

明白了爆炸的原理，你就知道，只要是带着外壳、外皮或是密封的结构，在微波炉内加热都有可能引起爆炸，比如带皮的香肠、带壳的板栗、未开封的牛奶和饮料等。

你可能会问，如果把鸡蛋去壳，打出蛋液，将蛋液放入微波炉内加热，是不是比较安全？确实更安全，但也可能会爆炸哦，只不过这种爆炸会相对“温柔”一些。

这又是为什么呢？这就不得不说到微波加热食物的另一个特点了——受热不均匀。这种受热不均匀是有规律的，体现在食物的表面和内部温度不一样。如果用微波炉加热大份的食物，你应该会发现，往往食物的表面已经发烫，而食物的内部却还是凉的。这是由于微波在穿过食物时会发生衰减，当微波到达食物表面时，能量还很强，因此食物表面能很好地吸收能量并发热，但微波也发生了衰减，食物厚度越大，这种衰减越明显。所以，在用微波炉加热固体食物时，最好不要太大块。

那去壳鸡蛋的“温柔”爆炸又是怎么一回事呢？其实就是因为这种受热不均匀引起的。当鸡蛋液外层温度上升时，外层的鸡蛋就先“变熟”凝结成固体，同时蛋液中的水分转变水蒸气，逸散到空气中。然而，表面这层固态鸡蛋，对内部尚未煮熟的蛋液来说，实质上就是一层“新的蛋壳”，内部蛋液受热产生的水蒸气会被这层“新的蛋壳”阻挡，同样无法逸出。这样一来，鸡蛋内部也会积累气压，冲破“新的蛋壳”，引起爆炸。

不过，此蛋壳并非真的蛋壳，它只是煮熟的蛋而已，当它被冲破时，产生的破坏力相对会小一些，因此我们称之为相对“温柔”的爆炸。即便如此，高温水蒸气的大量逸出，依然有使人烫伤的危险。

带壳的鸡蛋不行，不带壳的也不行，我们确实可以说，鸡蛋这种食物和微波炉比较“八字不合”。目前，除了市面上一些特别标注“微波炉适用”的煮蛋器，其他情况下，都不建议将蛋类放入微波炉中。微波炉煮蛋器是在内部安装了特定的金属配件，对微波进行局部屏蔽，才能使整蛋恰到好处地受热，从而避免爆炸。而日常使用微波炉的我们，如果想避免爆炸，还是要规规矩矩地遵守说明书的要求。

其他的烹饪方式大都是通过自身先发热，再向食物进行热量传递，而微波炉却是直接让水分子发热，相比较，这种加热方式的效率要高得多。以加热一盘冷菜为例，用蒸锅可能需要十分钟，而微波炉只需两三分钟。一杯冰牛奶，放进微波炉，调至高火一分钟，“叮”一声，马上变成热牛奶，还省了洗锅的麻烦。

现在你明白微波炉的原理了吗？其实，厨房里的每种物品都和微波炉一样，只有真正了解，才能让它们更好地为我们的日常饮食服务哦。

不夸张地说，微波炉的使用说明书可能是所有烹饪电器中最值得一读的。由于微波对各种材质的反应截然不同，因此在微波炉的使用说明书中，对于哪些器具可以使用，哪些不可以，做了非常详细具体的要求。如果你的家里有微波炉使用说明书，请你把它找出来，看看自己在了解了微波炉的原理后，能否更好地理解这些要求。如果没有，那可以试试阅读下面这张表哦。

微波烹调用具的选择

容器的种类	微波火力
耐热性玻璃容器	可使用
无耐热性玻璃容器	不可使用
耐热性塑料容器	可使用
无耐热性塑料容器	不可使用
陶器、瓷器	可使用
漆器	不可使用
铝等金属容器	不可使用
木、竹、纸制品	不可使用
铝箔	不可使用

4.3 不粘锅的涂层有毒吗

法国工程师格里瓜尔很喜欢钓鱼，技术也不错，他常把钓来的鱼带回家，让妻子科莱特把自己的“战利品”煎了吃。新鲜的鱼用油一煎，香喷喷的，很美味。但这天，妻子科莱特在煎鱼的时候，发现自己一不小心，又煳锅了。煳锅的鱼不仅焦味难闻，卖相难看，连洗锅都特别麻烦。她很不开心，这锅跟鱼怎么那么容易就粘到一起，动不动就煳呢？她一边抱怨着，一边想，如果有一口不会粘食物的锅就好了。

其实，煎炒的时候煳锅，是几乎所有厨师都最担心的问题。很多大厨为了防止煳锅，不仅要精心挑选铸铁锅具，还要每天“养锅”。什么是“养锅”呢？就是每次用完铁锅，不仅要洗净、晾干，还要涂上一层油来保养。“养锅”确实有一定作用，因为在洗净的锅表面涂了油后，形成一层油膜，能在一定程度上隔绝食物和锅体的直接接触，从而防止粘锅。厨师们为了保护这层油膜，往往专锅专用，比如只用这口锅来煎炒，而不用来蒸煮，担心破坏了锅表面的油膜。说实话，为了不煳锅，要每天这么精心地“伺候”一口锅，还真是有些麻烦。

一天，同样饱受煳锅困扰的科莱特突然灵机一动，她想到了丈夫的钓鱼线。格里瓜尔在很久以前跟她抱怨过，他说，钓鱼线的材质不够滑，总是打结，用起来很不方便，但后来，聪明的格里瓜尔把自己工作中常用的一种新型材料涂在钓鱼线上，鱼线一下子变得很滑溜，就再也不打结了。

科莱特想，如果把这种新型材料涂在锅上，是不是就能发明一口很滑溜的锅，以后煎鱼就不会煳了呢？于是，她把这个想法告诉了格里瓜尔，格里瓜尔按照妻子的设想，动手在平底锅上涂了一层不粘材料，没想到效果出奇地好。

据说，这就是不粘锅的原型。

这种涂在钓鱼线和锅表面的新型材料，是美国化学家普朗克特在为杜邦公司研究新型制冷剂时，无意制得的一种新型塑料。当时，普朗克特用一个储气罐

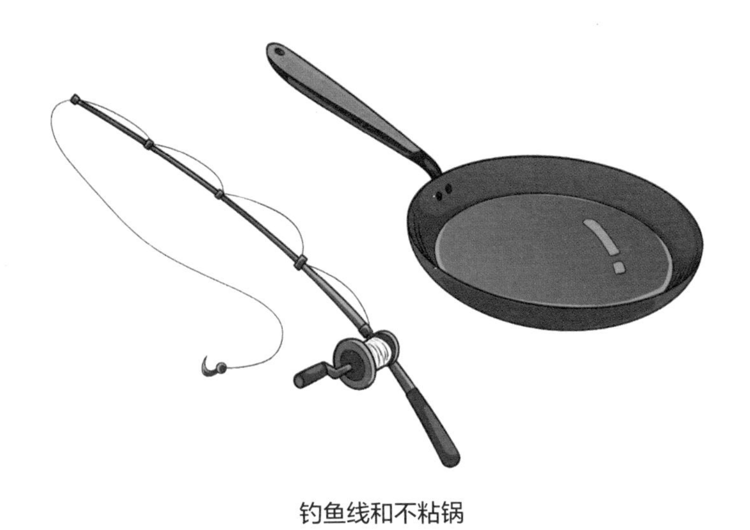

钓鱼线和不粘锅

来储存实验原料——四氟乙烯气体。这是一种很不稳定，在受热时容易爆炸的气体。为了安全起见，普朗克特把储气罐塞在干冰里，保持低温。

可是有一天，奇怪的事发生了。普朗克特打开储气罐时，突然发现，虽然储气罐没有漏气，但储气罐中的气体却消失了。他对储气罐进行称重，发现重量没有变，作为一名化学家，普朗克特马上意识到，四氟乙烯一定是发生了化学反应，生成了别的物质。果然，最后他在罐的底部发现了一些神秘的白色塑料小薄片。

这些小薄片出奇地光滑，它们到底是什么呢？普朗克特研究后发现，它们是之前储气罐里所装的四氟乙烯气体的聚合物，化学名称叫“聚四氟乙烯”，你可能还记得常用来做保鲜膜的“聚乙烯”吧，“聚四氟乙烯”其实就是聚乙烯中的所有氢原子都被氟原子取代了。

取代后，新生成的这种聚四氟乙烯竟然有着超低的摩擦系数，它非常滑溜，连口香糖都粘不上，可以做极好的固体润滑剂。不仅如此，它的性质还很稳定，能承受高温，可以在 -180～260℃长期使用，并且耐酸耐碱，几乎不溶于所有的溶剂。更令人惊喜的是，聚四氟乙烯竟然对人体也很安全，如果将它做成人工血管和心脏瓣膜，就算长期植入人体内也不会出现不良反应。

这可真是太厉害了，可以说，在已知所有类型的塑料中，没有性能比它更强的，聚四氟乙烯很快引起了人们的关注，被誉为“塑料之王”。

杜邦公司为“塑料之王”申请了专利，起名叫特氟龙（Teflon）。很快，特氟龙以其优异的性能，在航天、电器、轻工纺织等各领域中大显身手，饱受欢迎。不粘锅更是作为杜邦公司的拳头产品，为人们的日常烹饪带来了便利，也为杜邦公司带来了巨大的经济效益。

那为什么一直会有传言，说不粘锅的涂层有毒呢？

事实上，特氟龙本身无毒，但在生产过程中，要用到一种助剂，叫 PFOA，也叫全氟辛酸。全氟辛酸具有毒性，会致癌。更糟糕的是，它非常稳定，能持久存在于环境中，在生物体内富集，并通过食物链累积，在人体内无法降解。杜邦公司生产线上的许多工人，曾经因为全氟辛酸的毒性，身体健康遭受了很大的影响，甚至有女性工人生下了畸形儿。

这全氟辛酸真是令人“心酸”，在发现它的危害后，科学家们立刻改进了生产工艺，取消全氟辛酸，改用其他相对更为安全的助剂。

其实，很多产品本身没有毒性，并不意味着它的生产过程是无毒的。所以，即使在科技发达、物质丰盛的今天，科学家们仍然还在不断地研究和探索新技术，优化并改进生产工艺。毕竟性能好的产品层出不穷，而地球只有一个，生态环境的安全对人类来说是至关重要、不可忽视的。

我们在使用不粘锅时，也要了解特氟龙的特点，遵守使用的注意事项，尽量延长不粘锅的使用寿命，不要频繁更换新锅。因为很多时候，“不浪费”就是一种最好的环保态度。

特氟龙虽然号称“塑料之王”，但它也有弱点，比如特别不耐磨。在使用不粘锅时，一定要使用软质的锅铲，硅胶或木头锅铲就很合适，千万不要用金属制的锅铲、筷子或勺子等，避免刮伤不粘涂层。在清洗时也要注意，不能用钢丝擦或某些材质较硬的百洁布，而要挑选柔软的百洁布或海绵擦等。不仅如此，带硬质骨头的肉类，以及螃蟹、龙虾、花甲、螺等带壳的海鲜，都不适合在不粘锅里烹饪，因为任何硬物都可能对特氟龙涂层造成磨损。

还有，在使用不粘锅时，不能像使用普通铁锅那样，长时间地干烧，再“热锅冷油”。因为特氟龙在 260℃以下非常稳定，但如果长时间干烧，温度过高，会导致特氟龙分解产生有毒物质，这样一来，不仅涂层被破坏，影响锅具性能，还会影响人体健康，所以，在用不粘锅时，“冷锅冷油”更好。

其实，“热锅冷油”的烹饪习惯，本来就是用热油来隔绝食物和锅体，防止食物粘锅。在使用不粘锅时，就没有这个必要了。

很多人用完锅后还有个习惯，就是在锅还热着的时候，倒入凉水浸泡，或是用凉水马上洗锅。如果是普通的锅，这么做没有问题。但对于不粘锅，以及其他有涂层或是多层复合材料的锅来说，这么做会对锅造成一定的损害。

为什么呢？一个非常简单的道理，叫“热胀冷缩”。我们知道，物体大都有热胀冷缩的现象，而不同材质的热膨胀系数是不一样的，多层材料在使用时，如果频繁地骤热骤冷，很可能使几种材质由于膨胀程度不同而逐渐发生脱离，从而缩短锅具的使用寿命。涂有特氟龙材料的不粘锅也是如此，刚用完的不粘锅，温度比较高，如果立刻倒入冷水，特氟龙和锅体的收缩程度不一样，会使涂层在一定程度上脱离锅体，久而久之，涂层会更容易脱落，如果想马上浸泡或清洗，最好使用热水。

当然，即使再怎么认真保养，物品还是有使用寿命的。如果用了几年后，发现不粘锅的涂层出现破损，做菜时开始煳锅，那就得换新锅了。因为烧煳的食物，含有多环芳烃和苯并芘等致癌物，更不利于身体健康。

今天，市场对不粘锅的需求依然很大，特别是对经常煎炒的家庭来说，不粘锅真的非常实用。由于不用担心食物煳锅，食用油的使用量也可以大大减少，做出来的食物也更健康。许多大型公司还在积极探索工艺，做出越来越好的不粘锅。除了杜邦公司的特氟龙涂层外，还有美国华福涂层、日本大金涂层和德国威龙宝涂层，这些涂层材料虽然名称不同，但其实都是优质的聚四氟乙烯材料。还有一些新型涂层，比如麦饭石涂层、蓝宝石涂层或是钻石涂层，也是在聚四氟乙烯的基础上，添加一些硬度较大的晶体，增加涂层的耐磨性。

相信在未来，随着科学技术不断发展，一定还会有性能更加优越的不粘锅产品呢。

“化学力”等级提升（31）

未成年人须在成年人陪同下操作哦！

不粘锅的性能测试中有一个重要指标是“不粘性”，常用生鸡蛋或牛奶来做测试样品。

我们可以在家中厨房用以下两种方法来粗略地模拟锅具的“不粘性”测试。

方法一：加热干燥洁净的不粘锅，保持小火或中火状态，在不加任何食用油的情况下，打入一颗新鲜鸡蛋，待其蛋清基本凝固后停止加热，看是否能用软质铲子无损取出鸡蛋并不留残渣，或是留有残渣但可用湿抹布或海绵轻拭去除。

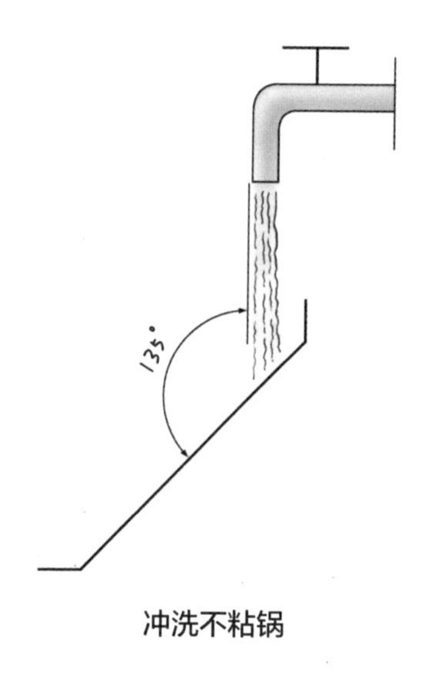

冲洗不粘锅

方法二：加热干燥洁净的不粘锅，并保持中火或大火状态，倒入约25毫升牛奶，待水分完全蒸发，牛奶碳化形成棕褐色薄层并冒烟后停止加热，冷却，将棕褐色薄层以约135°的角度放置于水龙头下方，并将水开到最大，观察是否能用水流冲干净该薄层，或是留有残渣但可用湿抹布或海绵轻拭去除。

4.4 陶瓷、玻璃、不锈钢和塑料餐具

环顾你的家里，看看碗、盆、盘和杯子都是什么材质的呢？一般来说，大多数家庭用的都是陶瓷、玻璃、不锈钢或者塑料。这几种材质各有特点，究竟选择哪种更好呢？

我们先来认识一下陶瓷。其实，严格来说，陶瓷是陶器和瓷器的统称，但我们今天说陶瓷，一般是指瓷器。

陶器比较古朴，表面也较为粗糙。如果你去博物馆参观，走到新石器时代的展区，会发现，在距今约两万年前，原始社会的人们已经开始制作并使用陶器了。陶器的制作很简单，选择那些含砂粒很少又有一定有黏性的土壤，俗称黏土，将它们和水按一定比例混合，捏成坯体，然后进炉烧制即可得到。陶器的表面一般比较粗糙，透气性好，质地疏松，也有一定的吸水性。

瓷器的出现则比陶器要晚得多，你可以把它看成是陶器的“2.0 版本”。瓷器对原料的要求更高，必须用专门的瓷土，比如江西景德镇高岭村的高岭土，就是很有名的优质瓷土。不仅如此，瓷器的烧制温度也更高，一般在1000～1400℃，而普通陶器的烧制温度通常只有 800℃左右。

烧好的瓷器和陶器有着明显的区别，瓷器的表面更光滑，质地更致密，一般没有吸水性。为了提高瓷器的机械强度和光滑度，我们还会在表面涂上一层由天然矿物原料配制而成的“釉”，焙烧后，这层釉会紧紧附着在瓷胎上，给瓷器穿上一层富有光泽的“衣服”。同时，我们还会用各种颜料在瓷器表面做彩绘。不过，这些颜料大多含有重金属，在日常使用时，会少量溶出，影响人体健康，因此，为了安全起见，陶瓷餐具与食物接触部分的彩绘，通常会采取一种叫作“釉下彩”的工艺。

什么是“釉下彩”呢？就是在上好颜料之后，为了防止其与食物直接接触，

在颜料上面要再覆盖一层无毒的透明釉，这样一来，颜料就藏在透明的釉层之下了，这就是“釉下彩”。因为在表面加了一层透明釉，所以釉下彩的图案摸起来表面平滑，没有凹凸感。与“釉下彩”相反的是“釉上彩”，这些彩色颜料直接画在瓷器表面，用手触摸时能感觉到图案形状，由于没有透明釉层的保护，颜料中的重金属在使用时会慢慢释放出来，不可作为餐具使用。

用来制陶器的黏土和制瓷器的瓷土，都是土壤中的硅酸盐。和它们一样，同属于硅酸盐产品的还有我们要介绍的第二种材料——玻璃。其实，玻璃的历史也已经有几千年了，在四千多年前的古埃及遗迹里，就出土了玻璃制品。不过，最早的玻璃并不像今天这么透明纯净，由于含有各种杂质，它们往往呈现出不同的颜色。不过，这恰恰使得玻璃看起来像亮晶晶的宝石，因此在很长一段时间里，这些“含杂质的玻璃”也很受欢迎。

据说，古埃及人将从盐碱湖里采集到的纯碱和石灰石加热时，不小心打翻在沙漠里，发现居然生成了一些亮晶晶的固体颗粒，于是就得到了最早的玻璃。纯碱的主要成分是碳酸钠，石灰石的主要成分是碳酸钙，它们和二氧化硅，也就是沙子的主要成分共同加热，就能生成硅酸钠和硅酸钙，也就是玻璃的主要成分。

玻璃的制作工艺很有意思，称为“吹制”。和先定型后烧制的陶瓷不同，玻璃制品是一边烧制一边定型的。为什么玻璃的烧制和定型居然可以同时进行呢？这是因为玻璃有个非常有趣的特点，在加热到大约500℃时，玻璃会软化，软化的玻璃就像面团或者泡泡糖一样，可以随意变化成各种形状。因此，玻璃工匠们通常采用模型定型结合玻璃吹气的方法，就像吹泡泡糖一样，把玻璃吹制成各种各样的形状。化学实验室用的圆底烧瓶等玻璃仪器，就是在加热时吹制出来的。

如果认真地观察这些玻璃制的化学仪器，你会发现，这些玻璃仪器有个共同点，就是它们大多非常薄。为什么呢？因为就普通玻璃而言，薄玻璃比厚玻璃更耐热。

为什么薄玻璃比厚玻璃更耐热呢？要知道，玻璃之所以不是真正的宝石，是因为它和宝石有个本质差异，那就是，从微观结构上看，玻璃内部的微粒排列不像宝石那样有序，而是非常不规则的，这种结构不规则的特点，使玻璃在加热时容易出现局部受热而过度膨胀的情况。加热有一定厚度的普通玻璃时，其中局部受热膨胀的部分容易挤压未受热的部分，导致玻璃破裂。所以，没有标明耐热温度的普通厚玻璃器皿，最好不要用来装热水或热汤。

虽然普通玻璃的耐热性一般，但外观透明精美，因此玻璃餐具还是很受欢迎的，特别是玻璃杯。而且，随着玻璃工艺的发展，玻璃的性能也越来越优异。现在，科学家们已经研制出更耐热的玻璃，在超市就可以购买到一些标识着“可用于烤箱加热”或“可用于微波炉加热”的玻璃碗或玻璃保鲜盒等。

陶瓷和玻璃制品

聊完陶瓷和玻璃这两种古老的硅酸盐材料，我们继续来聊聊不锈钢和塑料。这两种材料相对陶瓷和玻璃来说要“年轻”许多，它们都诞生在 20 世纪。

不锈钢的发明源于一次意外。一战时期，英国有位科学家叫布雷尔利，他的日常工作就是研究如何改进武器。当时的枪支寿命普遍很短，因为反复发射子弹，枪膛磨损很快，一支枪用不了多久就要换新枪。布雷尔利一直想找一种不容易磨损的枪膛钢材，来延长枪支的寿命。

于是，他研制了各种各样的合金钢，做了大量的实验，但却一直没有找到合适的耐磨材料。这些用完的合金钢被统一堆放在废弃钢材区，时间久了，钢材们都慢慢生锈了。可是，唯独有一块钢材鹤立鸡群，在一堆生锈的钢材中，唯独它锃光瓦亮，引起了布雷尔利的注意。布雷尔利发现，原来往钢中添加金属铬，做出来的合金可以耐酸、碱、盐的腐蚀，不易生锈，不锈钢诞生了。

和易碎的陶瓷及玻璃相比，不锈钢这种新材料的优势很明显，它有一定的弹性，也不怕碎裂，非常适合做成各类工具。不过，在餐具界，不锈钢就没有那么受欢迎了，相较于陶瓷和玻璃来说，不锈钢的硬度小，容易被刮花。而且，金属的导热性实在太好了，如果用不锈钢的碗或者盘来盛装热的食物，很容易烫手，使用起来的体验不是那么好。

塑料餐具就不怕烫手了，它同样不易碎，而且质地很轻，还能做出五颜六色的图案和花纹，这些特点使得它颇受欢迎，特别是儿童餐具，放眼望去，几乎全是塑料的天下。

不过，对于负责洗碗的人来说，塑料餐具可能不一定那么受欢迎。如果你经常洗碗，你会发现，塑料餐具上的油污特别难洗掉。为什么塑料餐具特别容易沾油呢？这就要说到一个化学原理了，这个原理叫“相似相溶”。

“相似相溶”指的是结构特点相似的物质往往更容易相互溶解。我们常常会在生活中发现，一些物质很容易溶解在水中，如食盐；而另一些物质却难溶于水，如油脂。这是因为油脂作为一种有机物，其结构特点和水这种无机物差异比较大，因此难以溶解。通常来说，如果都是有机物，那么它们的分子结构上有更多的相似之处，就更容易相互溶解。

明白了这个原理，在生活中你就很容易成为一名“去污高手”。因为根据“相似相溶”原理，很多用水无法洗掉的污渍，往往更容易溶解在有机物中，比如酒精或者汽油。举个例子，油性记号笔的笔迹用水很难洗掉，但用酒精轻轻一擦，就没了。再比如油漆工人，他们的手很容易在工作中沾染油漆，这时如果沾些汽油，也能很容易地洗掉。

我们再说回塑料。现在你知道为什么塑料更容易沾染油污了吗？陶瓷和玻璃是无机物，不锈钢是金属，只有塑料是有机物。而油脂也是有机物，虽然塑料本身难以溶解在油脂中，但由于“相似相溶”的原理，塑料分子和油脂分子间相对更容易产生作用力。因此，油脂也更容易附着在塑料上，造成塑料餐具上的油污更难清洗。

不过，这个小缺点，好像并不影响大家对塑料餐具的喜爱。而且，随着新技术和新材质不断研发，塑料的品种越来越多，大家可选择的范围也越来越广了。

但需要特别注意的是，塑料的种类太多，而不同类别的塑料，在性能上可能会有很大差异，有些塑料餐具可以耐 140℃的高温，而有些塑料餐具的使用温度却最好不超过 80℃，有些塑料餐具可以放进微波炉加热，有些却万万不能。因此，使用塑料前，要格外认真地阅读标签。

以面馆等餐厅里常见的一种仿瓷餐具——密胺（化学名称为三聚氰胺）为例，密胺也是一种塑料，用它做出来的碗、勺或调味碟等，外观和手感都和陶瓷非常相似，但更为轻巧美观。而且，密胺餐具和其他塑料餐具一样，隔热效果很好，还结实不易碎。可以说，密胺同时具备了陶瓷和塑料的优点。

然而，这种貌似更优质的密胺，却有一个很大的缺点，那就是，不能将它放进微波炉里加热。如果加热，会释放出有害物质，影响人体健康。因此，密胺塑料一般都会标识“不可微波炉加热”的字样。

当然，更不能购买那些来历不明、没有标识的塑料餐具。不只塑料餐具，陶瓷、玻璃和不锈钢餐具也一样。

各个国家对餐具的相关检验都特别严格。因为食品接触材料的材质与人体健康密切相关，必须加以重视。以测定餐具中铅的溶出量这一项指标为例，在检测时，通常要用 4% 的乙酸溶液浸泡一段时间后，再进行含量测定，达到标准后才允许生产和销售。

当然，这样一来，餐具的成本就提高了。所以，如果你在路边摊或是网络上看到虽然没有合格证书，但却又漂亮又便宜的餐具，最好还是忍住自己的购买欲望，在正规渠道购买哦。

“化学力”等级提升（32）

密胺餐具外观和陶瓷相似，又被称为“仿瓷餐具”，这类餐具的耐受温度一般为 –30～120℃，不可放入微波炉内加热。

由于密胺餐具美观、轻巧，且兼具陶瓷的不易烫手和塑料的不易破碎等优点，再加上价格相对低廉，因此很受一些餐饮店，特别是中小型快餐店的欢迎。

从外观上，很难一下区分出密胺仿瓷餐具和真正的陶瓷餐具，不过，你可以用触摸法或敲击法，对比二者的手感，或是在敲击下分辨所发出的声音。

未成年人须在成年人陪同下操作哦！

试一试吧。

参考文献

[1] 国家食品安全风险评估中心，中国食品工业协会 .《食品安全国家标准预包装食品标签通则》实施指南 [M]. 北京：中国标准出版社，2014.

[2] 中国营养学会 . 中国居民膳食指南 2022[M]. 北京：人民卫生出版社，2022.

[3] 顾立众，吴君艳 . 食品添加剂应用技术 [M]. 北京：化学工业出版社，2018.

[4] 周公度 . 化学是什么 [M]. 北京：北京大学出版社，2011.

[5] 王云生 . 化学的魅力在哪里 [M]. 北京：化学工业出版社，2022.